U0211369

一部私人视角的当代中国变迁史

1949—2019

崔兆森 口述

公晓慧 整理

家庭博物馆里的中国

——我家七十年

山东人民出版社·济南

国家一级出版社 全国百佳图书出版单位

图书在版编目（CIP）数据

家庭博物馆里的中国——我家七十年/崔兆森口述，公晓
慧整理.--济南：山东人民出版社，2019.9（2020.9重印）
ISBN 978-7-209-12186-6

Ⅰ．①家… Ⅱ．①崔… ②公… Ⅲ．①生活用具－介绍－
济南 Ⅳ．①TS976.8

中国版本图书馆CIP数据核字(2019)第151913号

家庭博物馆里的中国——我家七十年
JIATING BOWUGUAN LI DE ZHONGGUO
崔兆森 口述　公晓慧 整理

主管单位　山东出版传媒股份有限公司
出版发行　山东人民出版社
出 版 人　胡长青
社　　址　济南市英雄山路165号
邮　　编　250002
电　　话　总编室（0531）82098914
　　　　　市场部（0531）82098027
网　　址　http://www.sd-book.com.cn
印　　装　阳谷毕升印务有限公司
经　　销　新华书店

规　　格　16开（170mm×240mm）
印　　张　18
字　　数　260千字
版　　次　2019年9月第1版
印　　次　2020年9月第2次
ISBN 978-7-209-12186-6
定　　价　58.00元
　　　　　如有印装质量问题，请与出版社总编室联系调换。

序
宏大历史的私人"切面"

王学典

　　崔兆森先生数十年如一日的坚持，最终将一个平常人家的故事谱成一曲"家庭"传奇。与普通人在日升月落中空空将时间像细沙在手中流走不同，他把自己经历的每一件事，都事无巨细地记在他的一册册小本子上。通过数十年如一日的坚持，他将每天的个人经历汇聚成洋洋1500万字的时代记录。这份记录虽然只是一个人的生活与工作痕迹，但在客观上为考察20世纪以来中国的历史变迁提供了一份珍贵史料、打开了一扇生动鲜活的个人窗口。

　　20世纪以来的中国社会变迁之剧烈为几千年人类历史所罕见。这种变革不仅仅是政权的几度鼎革，更具有基础意义的是社会生产生活方式、人们思想观念的变革。特别是1949年以来，在中国共产党的领导下，社会面貌变化尤剧，短短几十年间发生的从农耕时代向工业时代、信息时代的变革正可谓"沧海桑田"！一波又一波的时代洪流，不仅将数千年存续于乡村的铁犁牛耕的生产生活方式赶出历史舞台，也将很多事物裹挟而来又迅速裹挟而走。在日新月异的科学技术推动下，这几十年中，我们见证了太多的事物在一时间经历了乍出惊艳、风靡一时、迅速退出、销声匿迹的过程。对于这样一个转变如此迅猛的时代，当时代变化后，绝大多数事物都被当作垃圾、废品处理掉，所剩无几的就像一波波海水退潮后剩下的贝壳，如果不是有心人去拾取、去整理，很可能就再也寻觅不到，那对于历史研究者来说将是巨大的遗憾！

　　崔兆森先生正是这样一位有心人。他不仅通过文字对每天的生活进行记录，而且还尽可能对生活中使用过的东西进行留存。他凭借一个普通人的"历史见识"，把生活中使用的物品甚至被别人视为废品的一些东西，小到糖纸、火花、信件、杂志、皇历、课本、作业本……大到缝纫机、电视机、收录机、电风扇、电冰箱、自行车……都尽可能保留下来。崔先生对每日生活工作的记录、对日用杂物留存的初衷可能是为家庭留一份纪念，但在有意无意中留下了一部私人视角的当代中国变迁史。这些曾经在百姓家庭司空见惯的物件、在日记中家长里短的琐屑，在那一波波的时代浪潮退去之后，变得异常珍贵，因为绝大多数原来比比皆是的物件已经很难见到、再难寻觅甚至无影无踪，而这些生活零碎，恰恰是弥足珍贵的时代缩影、历史载体，是民众生活史、社会变革史的鲜活史料，也是社会主义核心价值观教育、中华美德教育的生动素材。

20世纪，中外史学都发生了重大变化。与过去人们更多关注上层、关注政治、关注宏大历史不同，20世纪史学的一个重大转向就是对民间、对社会生活、对细节的关注。崔先生数十年丰富翔实的私人收藏与记述，恰恰吻合了这种历史研究取向。他以他的用心与坚持，通过个人记述、个人档案、个人收藏，对逝去的历史实施了抢救，为时代变迁留下了一份生动的记录，留下了宏大历史的私人"切面"，这是十分难得的。我们要珍惜崔先生"家庭博物馆"的价值，充分评估其中蕴藏的历史含量，充分释放其中蕴藏的社会价值。

（王学典，著名历史学家、第十三届全国政协常务委员会委员、山东大学《文史哲》主编）

目　录

自办家庭博物馆，为共和国留下历史"切片"

编者的话

　　崔兆森喜欢收藏，他将20多年的藏品集中起来，办了一个家庭博物馆。家庭博物馆外形低调却内藏乾坤。走进它，就如同走进了时间，过去的时光重又"看得见、摸得着"。里面的14000多件藏品，不是价值连城的文玩珍品，而是从他家三代人的生活中集聚甚至"淘汰"而来的物品。这些"上了岁数"的老物件，每一件都是亲切的、贴近的、富有亲和力的，堪称中华人民共和国成立70年来的层层"切面"，堪称70年"宏大叙事"中血肉丰满的"个人叙事"。

　　1968年，我21岁，被分配到济南日报社编辑部资料室工作。每天，我需要将来自全国各地的报纸归档，向编辑们提供他们要查阅的资料。除此之外，我还编辑了一份《资料汇编》的刊物。在当时，资料室只有我和打字员王瑞芝大姐俩人，我们的工作量非常大。除了回家吃饭之外，我几乎天天待在资料室。

　　资料室两年多的工作经历，让我养成了积累、整理、收藏资料的习惯。1970年入伍后，这种积累的习惯得到进一步强化。从新兵入伍第一天开始，我每天坚持写日志，一直坚持到现在，已有49年一天不落。每天早起写日志，已成为雷打不动的固定动作。

　　1994年秋，女儿去北京上大学，正赶上老伴单位里分了一套三居

室的宿舍。两间做卧室，一间当书房。这辈子我第一次有了属于自己
的书房。我决定系统地整理一下以往的生活资料。这成为我漫漫收藏
路的开端。

　　我的收藏对象不是文玩珍品，都是我们寻常百姓家曾经使用过却早
已淘汰掉的老物件。其中，有我小时候用过的带锔子的碗盘，有母亲当
年做针线活用的笸箩、缝补袜子用的袜板，有那些年的"三转一响一提
溜"，父母、我及女儿老少三辈人的语文课本，1992年时价近4万块钱
的大哥大……这些老物件承载了一个家庭三代人的生活记忆，同时见证

1.	2.

1 | 1969年3月，我在济南日报社编辑部资料室时编辑的《最高指示》

2 | 1968年5月25日，我编写的《资料汇编》第一期

了中华人民共和国成立70年来百姓生活的变迁、城市发展的记忆。

这些展品谈不上珍贵，但当它们走过时间的长河，聚集在一起并集中呈现于眼前的时候，我还是感到了自己内心深处的震撼和激动。积少成多，经过20多年的持续不断的积累，我的收藏已达到了一定的规模。2015年，济南市非物质文化遗产保护中心的同志慕名来参观，决定在济南市群众艺术馆为我举办"崔兆森个人收藏展"。后来展出很成功，来了很多参观者。我那次展览的主题，也是我的收藏理念——收藏生活，珍藏记忆。

我收藏的每一件老物件背后，都有不同的生活记忆和时代印痕，都能牵出一段鲜活的故事。这些器物虽然是沉默不语的，但这种沉默的讲述非常有力，我每每轻抚或者把玩它们，感觉每一件都可亲可点，像从手中刚刚离开，而自己就像走进了数十年前的老家。我不仅将承载一家人生活点滴的物品一一搬进了博物馆，还为家人整理了详细的生活档案，放了十几个文件橱子。

2015年，国务院颁布《博物馆条例》，让创办非国有博物馆有了明确的依据和规范。我用这些藏品办成了"省城首家家庭博物馆"——济南齐泉博物馆，并向社会公益开放，得到了社会各界的认可。有的藏品曾荣获"山东民间十大收藏精品"，我本人也先后荣膺"山东民间十大收藏家""济南好人""关心下一代先进个人"等荣誉称号。四年来，各类媒体对博物馆的报道达150多次，社会反响良好。

与此同时，我觉得博物馆不应囿于空间概念，而是应当作为"共享文物价值"的代名词。于是，我的藏品也不断从展馆"走出去"，成为"流动的展品"，成为省、市庆祝改革开放40周年主题展、庆祝中华人民共和国成立70周年展等活动中的人气展品。

　　时间可以是一段记忆、一段历史、一段文化，而博物馆就是一个留住时间、承载历史、传承文化的地方。我没想到，家庭博物馆的这些生活中的"念想"、老物件，竟成了中华人民共和国成立70年来，咱普通人、普通家庭与共和国同成长、共命运的见证。放眼现在，咱们老百姓的生活日新月异，生活用品不断更新换代。但不管时代如何变迁，社会如何发展，那些老物件就像一个个"路标"，让人们能看见来路，有迹可循，也更清楚未来如何走下去。

1.	2.

1 | 旧居的门牌：小纬六路南街60号

2 | 2019年4月26日，小学生来访，讲述过去的过程就是把过去告诉未来的过程（公晓慧 摄影）

歌声里的国庆记忆

编者的话

自1949年中华人民共和国成立以来，70载时光里涌现出众多歌唱祖国的动人旋律。每一则旋律背后，都深藏着一颗赤子之心，都沉淀着对共和国往事的深刻记忆和深情回想。那些或质朴优美或热烈奔放的歌声中，表达的是国人对祖国最深沉的爱。

我1947年出生，记得自己4岁时曾跟着大人学样，哼唱一首没名字的歌，用的是《南泥湾》的曲调："今年是1950年，共和国成立第一年，第呀一年……"母亲后来说，我还能边唱边扭十字步，混在一堆大人堆里，像模像样的。这是我人生最早的国庆记忆。

从1951年国庆开始，全国人民开始学唱《歌唱祖国》。当时，它还是一首新"出炉"的歌曲。人们没有听过这样的歌，觉得歌词写得那叫催人奋进、气概万千，曲调又是那样昂扬磅礴、自豪雄壮。这样的歌曲一诞生就迅速流传开来，传遍大江南北，还被大家公认为第二国歌！时光流转，在2008年8月8日北京奥运会开幕式上，在小女孩《歌唱祖国》的童声中，56名各民族的小朋友手持巨幅五星红旗，欢快地步入会场，把国旗交给庄重的升旗手。看到这一幕时，坐在电视机前的我，已是两鬓斑白。《歌唱祖国》这首歌，我从童年唱到老年，从青丝唱到白发，却凝结着相同爱国之情。

在特定的时刻，总有一些特殊的情感，让人心潮澎湃。看着眼前的这一幕，我眼含热泪，用哽咽的声音随着熟悉的旋律、孩子的节奏跟唱起来。就像歌词里唱的："歌唱我们亲爱的祖国，从今走向繁荣富强……"从近代的贫弱受欺到当代的和平发展，从当年的"东亚病夫"到今天的"体育强国"，这一刻咱们中国人民真正站立起来了！我年轻时，看着老人们随电视情节落泪时总不理解，可是自己到了他们的年纪，竟然也和当年父母一样，老泪纵横起来……

1955年国庆前夕，已是小学生的我，在学校里学了一首歌，名叫《新中国诞生了》。歌词我至今清晰地记得："太阳笑，红旗飘，新中国诞生了！敬爱的毛主席，功劳呀比天高。有了他，我们才有自由有快乐；有了他，我们才打碎了铁镣铐。毛主席高举火把，在前面把路照，美丽的和平世界我们一定要创造！"记得那年期末的音乐考试上，老师王玉春弹着风琴，让学生依次到讲台上独唱这首歌。轮到我时，我刚刚唱完第一段，王老师就停下伴奏说："没想到小家伙有这样的好嗓子！"老师的表扬，加深了我对音乐的兴趣和热爱，影响了我的一生。

1958年的国庆节让人记忆深刻。国庆前夕，全校举行文艺演出大会。那年我已12岁了，被推举去独唱《祖国颂歌》。我唱完第一段时，校园里已掌声雷动。当唱到第二段副歌部分时，主持节目的老师即兴指挥全体师生一起伴唱，独唱瞬间变成了"一人唱，众人合"。"歌声震荡着万里山河，山河也唱起欢乐的歌，这支歌献给亲爱的党，献给我亲爱的祖国，献给亲爱的祖国……"60多年过去了，那热烈的场景却仿佛就发生在昨天。

1961年正值"三年困难时期"，秋季刚开学，为了让我们减少消耗体力，学校规定课外活动时间不组织体育活动。那年我已上初中了，担任班里的文娱委员。为了活跃班级气氛，我组织同学办起了民族小

乐队，我和李辉、王志刚拉二胡，钮平章吹笛子，卢京平敲扬琴，王世钊打节奏。

一天，我们班主任老师沈永梅让我到她家里取一本《上海歌声》。我们的沈老师可不简单，解放前她是八路军渤海军区文工团演员。她的丈夫王印泉是北京辅仁大学1938年的毕业生，毕业后他背着大提琴参加八路军，成为《沂蒙山小调》和大型音乐舞蹈史诗《东方红》中《情深谊长》的词作者。

《上海歌声》里有《上甘岭》的插曲《我的祖国》。沈老师嘱咐我誊抄歌谱后，再把它还给她丈夫。几天后，我去还杂志时，恰巧王印泉老师也在家。他对我说："如果演奏上有困难，尽管来找我。"在两位高手的悉心指导下，我们的民族小乐队在国庆文艺汇演中演奏了《我的祖国》，大获成功，备受欢迎。

1964年，已是中华人民共和国成立的第15年。这一年，咱们国家度过了三年困难时期，国民经济开始全面好转，中国自行研制的第一颗原子弹爆炸成功，社会上学雷锋精神蔚然成风……各项事业蒸蒸日上，欣欣向荣。这样的祖国怎能不让人动情放歌？国庆前夕，我们学校高中二年级级部三个班的同学联合排演大型合唱歌曲《祖国颂》。这首歌曲气势恢宏、撼人心魄，用来合唱再合适不过。"江南丰收有稻米，江北满仓是小麦，高粱红啊棉花白，密麻麻牛羊盖地天山外……"在四个声部的完美配合和精彩演绎下，一幅壮美的祖国画卷就伴随着声音铺展开来了。

1958年6月1日收藏的《祖国颂歌》歌谱

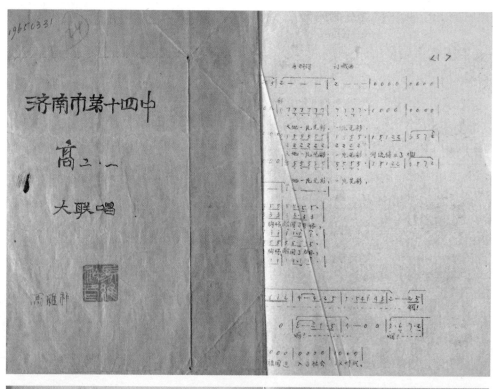

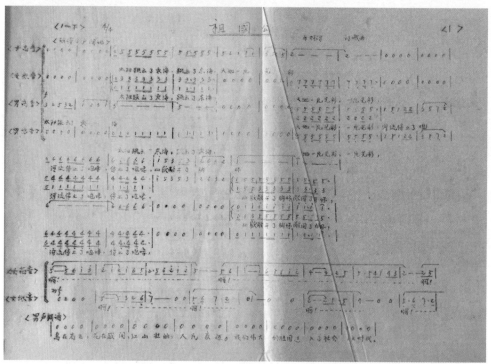

随着时间的推移和艺术样式的丰富，人们对祖国的歌唱也不断获得形式上的创新。最近几年，年轻一代用"快闪"形式唱响《我和我的祖国》，向祖国深情表白、吐露心声。旋律还是那熟悉的旋律，却因为意想不到的场面、温暖动人的场景获得了全新的演绎和升华。

《我爱你，中国》，我在部队当文化干事时曾教唱过。这首歌是改革开放初期上映的电影《海外赤子》中的插曲，歌曲承袭电影主题，抒发着海外游子眷念祖国的无限深情。这首歌的风格，与之前我教的风格大有不同。之前大都是进行曲风格的，曲调激越昂扬，威武雄壮。这首歌却充满着与众不同的清新之风，情感表达既饱满酣畅又含情深沉。意想不到的是，这种柔情、感性的曲风在部队官兵之间备受欢迎。当改革开放的春风吹遍神州，当华夏大地正历经翻天覆地、沧海桑田史诗般的变迁之时，每一位国人都能深刻感受得到咱们国家史诗般的巨变。类似于"我爱你，中国"这样国人羞于说出口的表白，就按耐不住地喷薄而出了。

15年部队生涯过后，我转业到了地方。1989年国庆前夕，我指挥大家唱响了《今天是你的生日》。在前期排练中，我指导同事们不用使用太多演唱技巧，但歌声中的情感一定要质朴、饱满。演出当天，效果出奇地好。相比起军营歌声的嘹亮震撼，这里的旋律依旧振奋激昂、打动人心。就像歌里唱的那样："我们祝福你的生日，我的中国。这是儿女们心中期望的歌……"无论我们身在何处，从事何种职业，祖国永远都是那让人心灵激荡、激情澎湃的"总开关"。

1964年我们级部合唱《祖国颂》的油印歌谱（老同学马维祚捐赠）

随着时间的推移，歌唱祖国的歌曲更多地被添加了年轻人热衷的流行元素，加上流行歌手的倾情演绎，形成了与原来经典颂歌不一样的风情和魅力。诸如《我们的大中国》《中国人》《红旗飘飘》《国家》等歌曲在年轻一代中动情唱响："我们都有一个家，名字叫中国""五千年的风和雨啊藏了多少梦，黄色的脸黑色的眼不变是笑容""五星红旗，你是我的骄傲，五星红旗，我为你自豪，为你欢呼，我为你祝福，你的名字比我生命更重要""一玉口中国，一瓦顶天下，都说国很大，其实一个家"……这些角度新奇的长吟短唱，这些充满时代韵律的祖国颂歌，成为年轻一代的成长伴奏。潜移默化中，爱国的种子、家国的意识就这样生根发芽、开花结果。

经济建设公债，见证对新中国最初的爱

编者的话

中华人民共和国成立之初，国民经济十分落后、薄弱，加速社会主义工业化的任务又迫在眉睫。于是，党和政府决定从1954年起，面向社会各阶层人民，连续5年发行国家经济建设公债以筹集建设资金。和众多怀有爱国热忱的人们一样，崔兆森的父母也积极加入认购建设公债的队伍。

"吃窝头就咸菜，省下钱来买公债。修铁道盖工厂，社会主义来得快。"从20世纪50年代中后期，我和邻家几个毛头小子经常在街头巷尾嘟囔起这几句顺口溜。乍一开始，我们几个就光图热闹瞎吆喝，并不知道说的这个"公债"具体是啥。就记得父亲过一段时间就交给母亲一些"公债"，母亲接过来之后，会小心翼翼地放进箱子里。不仅父亲会时不时地从单位上买回一些"公债"，街道居委会主任许大娘也经常拿着"公债"挨家串户地宣传，动员大家买"公债"。

后来，我才知道，父亲买回家的这个"公债"是指国家经济建设公债，是新中国中央人民政府发行的第二次国内公债，第一次发行的叫"折实公债"。从1954年至1958年连续发行5年时间。那时，关于公债的宣传可谓铺天盖地，人们用各种形式来宣传推销公债的意义，除了利用报纸、广播等大众媒体以外，更通过宣传歌曲、招贴画、快板、短剧、黑板报、报告会等多种方式将宣传工作深入到群众中来。

1958年，我的母亲在街道举办的"扫盲"业余学校上课时，她的语文课本第十五课正是关于公债的内容："为了支援国家社会主义建设，我们要积极量力认购经济建设公债。"

新中国刚刚成立，国家一穷二白、百废待兴。仅就钢产量而言，1949年我国钢产量15.8万吨，不到世界钢产量的千分之一，还不够每个中国家庭打一把菜刀的。面对这种情况，人们纷纷以国家主人的积极态度，通过踊跃认购公债来为社会主义事业作贡献。一张张"公债"券，凝聚着广大人民对国家经济建设的大力支持和对人民政府的充分信任。那时，我父亲一个月工资50多元，每次都会拿出10到15元钱来购买公债，剩下的钱用以维持我们一家五口的生活。为了用实际行动支援国家建设，父亲、母亲自觉地制定了厉行节约、勤俭持家的计划，除了维持正常生计，不买非迫切需要的消费物资，尽可能多地认购公债。在城市里，像我们家踊跃认购大量公债的家庭不在少数。在我的农村老家，也有不少老乡踊跃认购公债。他们盼着国家早一点实现工业化，那样他们就能早一点用上拖拉机。就像这样，在发行经济建设公债的五年时间里，购买公债已成为全国广大人民经济生活中的一件自觉的、不可缺少的事情。

人民认购公债支援国家建设之后，可按期收回利息和本金。偿还时采用的是"分次抽签偿付法"，国家每年通过抽签的方式确定还本债券的号码，并向社会公布号码通知中签的持券者兑换本息。利率是年息四厘，在还本金时一次付给，不计复利。公债还本付息的时间比较长，1954年是8年还本付息，其余四次又增加到10年的限期。我们家人口多，孩子不断蹿个长大，饭量也随之不断增大，家里的开销也紧跟着多了起来，日子过得有些捉襟见肘。父母望穿秋水般地盼望着"还本付息"时刻的到来。那几年里，一到公布公债号码之时，父亲就赶紧督促母亲，找到合适的债券，兑换出来贴补生活。

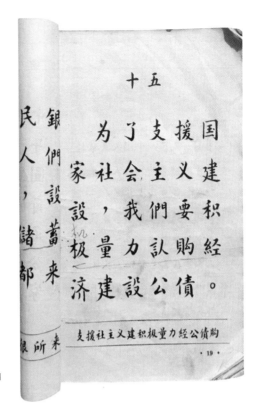

母亲当年在扫盲业余学校的语文课本，里面有关于认购经济建设公债的内容

今天看来，公债作为计划经济时代的特殊产物，难免带有计划经济的弊端，却充分显示了我国人民民主制度的优越性以及这种制度下全国人民发挥的巨大力量。从实际效果来说，公债发行所筹集的资金为"一五"计划的完成、中国工业化初步基础的建立都起到了积极的推动作用。与此同时，连续五年国家经济建设公债的发行，让"节约储蓄、勤俭建国"蔚然成风。1954年至1958年的国家经济建设公债所筹集的35.44亿元，其作用已远远超过了数字本身。

改革开放以后，中国经济快速发展，令全世界瞩目。这快速发展的背后，有"国库券"的助力。如果说建设公债体现了我父亲那一代人的爱国热忱的话，国库券则彰显了我们这一代人最朴素也最直接的

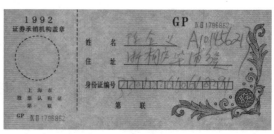

20世纪80年代末，中国"股票潮"兴起。图为我收藏的股票认购证

爱国之情。1981年，我在部队担任机关支部副书记，负责向同志们宣讲、动员大家踊跃认购国库券。同时，自己积极带头购买，每年拿出一个月的工资买国库券。后来，我收藏了不少从1981年到1997年的国库券。

改革开放的中国，以海纳百川的胸襟和气魄，吸收和借鉴资本主义一切成功的企业经营模式。在20世纪80年代末期的神州大地上，悄然勃起了股市潮。股票作为筹集资金、明晰产权的一种有效方式，自此开始应用于我国的企业经营之中。随着改革开放和社会主义市场经济的深入发展，我们这一代人也经历了从之前"谈股色变"到参与其中的巨大转变。在我们家，我的老伴也成了炒股大军中的一员。

1999年，一次到烟台出差的机会，让我有机缘与已在市面上消失了的经济建设公债再次"相逢"。在开发区刘家台子村的文化大集上，我从内蒙古草原上来的农民父子手里，花了4000元钱买下来了一套珍贵的建设公债。根据当年老百姓的工资标准、生活水准，建设公债一般是不会耽搁兑付的，所以公债的存世量是极少的。我小心翼翼地把它们放进了我的博物馆。在后来的日子里，我还收藏了股票认购证、外汇券等不同种类的证券，把它们和经济建设公债、国库券等摆在一起，让它们共同见证新中国走过的金融时光。

70载贺年卡里的"慢时光"

编者的话

　　72岁的崔兆森收藏有72年的贺卡，有他自己的，也有别人的。那些贺卡，就像翔舞在岁月深处的美丽飞鸿，留给了他关于流年的无限念想。他把它们夹在一本旧书里，让它们和时光一同老去。

　　每逢新春将至，依托于手机的各种拜年方式早就占据了我们的生活，贺年卡这一遥表祝愿、传递思念的传统拜年方式已淡出视线。正是因为贺年卡的逐年减少，我开始有意识地收集它们。我收藏的贺年卡里有别人写给我的，也有我从文化市场上淘来的。收集的贺年卡时间跨度达70多年。这其中最早的一张是1947年。这是一张用英文写成的贺年卡，我看不懂英文，就让女儿帮忙翻译了一下，内容是："给阿斐：为圣诞和新的一年送上诚挚的祝福。云中人。"

　　在1951年的那张贺卡里，出现了这样的语句："当你安安静静坐在办公桌前开始一天工作的时候，朋友，你是否意识到你是在幸福之中呢？请你意识到这是一种幸福吧。"上了年纪的人，当然知道，这是著名作家魏巍创作的《谁是最可爱的人》里的句子。在贺卡上印上这么充满时代气息的语句中，深深透露着人们对来之不易的幸福生活的珍视。《谁是最可爱的人》不光出现在贺年卡上，更是上过《人民日报》一版头条，还被选入中学语文课本，传扬神州大地，成了中华人民共和国

1.

2.

1 | 我收藏的1947年贺年片，是用英文写的一张贺年卡

2 | 我收藏的1951年书签，那时候书签常作贺卡赠送

成立之初的时代最强音。

　　1965年元旦前夕，我代表高八级一班全班同学给一位已经参加工作的老同学写了一张贺年卡。没想到的是，53年后的2018年9月22日那天，那张贺年卡重又送回到我手中。事情是这样的：1964年秋天，我们的高中同学陈鹏昭过了没几天高中生活，就辍学到济南钢厂就业了。1965年元旦前，我们班委会用班费买了贺年卡，让我执笔写给陈鹏昭。记不清是班主任授意还是团支部商议的结果，我写下了"祝您在新的一年中革命化"的语句。

　　陈鹏昭告诉我，当年自己收到贺卡之后，心里感到十分温暖，不光收到了贺卡，还收到了浓浓的同学情谊。他的工友也夸他混得不错，夸他的同学有人情味，没有"人一走茶就凉"。今天看来，那张贺卡，

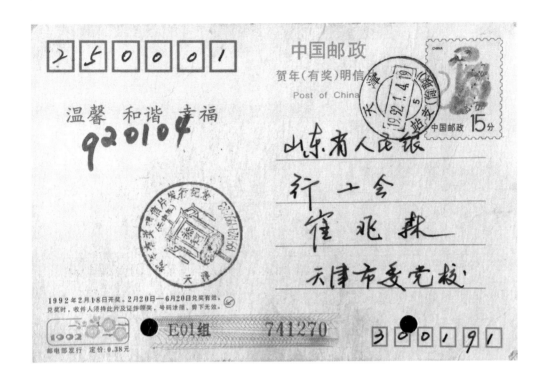

笔迹稚嫩，文字也不是十分流畅，但就是这些简单、暖心的笔墨，见证了年少时的友谊，见证了青葱岁月的友情。经过了半个多世纪的轮转，这张贺卡回来的时候，依然清晰、质朴、精美。

到了20世纪六七十年代，贺年卡形式比较单一，图案也比较简单。过年的贺卡一律的喜气洋洋：有的花团锦簇，有的印有几只吉祥宫灯，上面写着"恭贺新禧""新年好"等字样；有的印有毛泽东头像和毛主席语录，镌刻着那个时代的独有印记；有的是齐天大圣孙悟空、鲤鱼

1.	2.

1 | 53年后又重新回到我手中的一张贺年片

2 | 1992年1月4日，收到战友程志佳、崔琳夫妇寄来的贺年明信片

跳龙门、梅兰竹菊、传统年画、写意山水、五十六个民族等题材，充满着传统文化的标志性符号。

那个年代"时光很慢"，亲朋好友之间都是通过书信来往不断，过年时，一张张色彩斑斓的贺年卡，更是成了提前报春的燕子，从四面八方飞进千家万户，成为传递真情的使者。我会收到一堆，也会寄出一堆。每一张贺年卡，都是一份庆贺，代表着一份亲情、友情，传递着一份喜悦与真诚。

我的贺卡里还有一些有奖明信片。1991年，咱们国家的邮政系统开始发行贺年有奖明信片。这对民众使用贺年卡更是一个极大的推动，许多人购买、寄送这种有奖贺年卡，在给亲朋好友贺年之余，还希望自己或亲朋好友中奖。

随着科技的进步、社会的发展，贺年卡不断推陈出新，呈现前所未有的艺术光彩。开折方式由原来的单片、合页、连页，发展为开窗透里、立体多层次等方式；内容也由以往的"恭贺新禧""新年好"之类的祝词，发展为名胜古迹、花鸟虫鱼、戏曲杂技等题材。图案也多种多样，绘画、摄影、木刻、剪纸等不拘一格。再后来，贺年卡声、光、电化更成为时尚，出现了夜光电子表贺年卡、发光贺年卡、录音贺年卡等全新形式的贺卡。打开它，一段轻快的音乐，一句真切的祝福，更加令人感受到亲情和友情的美好和温馨。

在随着时间的流逝，贺年卡被网上贺卡所渐渐取代了，被各种各样全新的拜年方式所取代，终归淹没在岁月的尘埃里了。

老皇历背后的光阴故事

编者的话

老皇历，又称黄历、历书，是在中国农历基础上产生的，带有每日吉凶宜忌的一种万年历。崔兆森收藏有从1913年至2019年的108本老皇历。这些老皇历，除了蕴含着中华民族特有的"历书文化"外，还讲述了历史的变迁、时代的更迭以及光阴的故事……

1973年，我在部队填入党志愿书时看到，有一栏需要填写阳历生日。在这之前，我光知道自己的阴历生日是1947年正月初七，从来不知道所对应的阳历日期。我抽了个星期天，骑着自行车从西郊机场那边赶到了位于大明湖旁边的山东省图书馆。在阅览室里，我找到一本《万年历》，查到1947年正月初七对应的阳历日期是1947年1月28日。再后来，1984年，街道上给我们办理第一代身份证，查到的我的阳历出生日期也是1947年1月28日。

从那以后，我开始关注并收藏历书，迄今为止，我手上有108本不同时期、不同版本的历书，时间跨度从民国初到今年。在收藏的过程中，我对历书的认识也进一步加深。千万别以为历书只是个记录时间、装帧简朴、页数不多的简单小书，它实际上是一部生活小百科全书，里面有民俗、婚俗、文书、讣告引状、祭文、扫墓、红白喜事用语，还有对联、寿语、历史典故等，内容五花八门，内涵相当丰富。

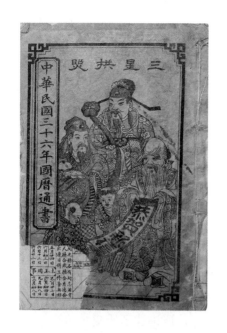

　　历书每年一本，依照年份的推进不断推陈出新。不同年代出版的历书封面，有着那个年代独有的面孔和烙印，镌刻着鲜明的时代印痕。把我收藏的这百余本历书放在一起，就像在不同年代里穿梭跳跃，明显地能够感受到不同时代的独有脉动，感受到时间长河的奔流不息。

　　20世纪五六十年代，历书的封面主要表现的是农家春耕、秋收的场景。翻开内页，还有养树苗、除树虫、棉花选种、消灭猿叶虫等科普知识。20世纪70年代，一些历书封面展现了那个时代的妇女参加生产劳动的场景。这其实释放了一个明显的时代信号，妇女能走出家庭来到社会上参加劳动，这是妇女自身家庭地位和社会地位提高的重要

1.	2.

1 | 1947年，我出生那年的皇历

2 | 装老皇历的布兜

表现。到了20世纪80年代，正值改革开放初期，人们的生活日渐富足，这时的历书封面以胖娃娃等吉祥画居多。

说到娃娃，透过几十年历书封面的变化，也能一睹我国计划生育政策的演变过程。改革开放之初，我们国家提倡"只生育一个孩子"，封面中每个家庭中都只有一个孩子。经过近四十年的变迁，我国的计划生育政策已演变为"提倡一对夫妻生育两个子女"了。

1983年的历书里，已开始有广告。那时，一些电视机生产厂家敏锐地捕捉到历书的影响力和传播力，巧妙地借它来宣传彩色、黑白电视机。除此之外，历书里面也有一些介绍如何使用化肥的页面，还有一些宣传普法知识的内容。到了21世纪初期，除了固有的农业科普知识，历书的内容有着明显的休闲娱乐化倾向，里面出现了人们的属相、指纹、运程等内容。

在历书之外，月份牌也是老百姓查看阴阳历的重要工具。一年有多少天，月份牌就有多少张。母亲总是还没有等到我们起床，就站在月份牌边端详一会儿，有时候还念念有词。一番思量和端详之后，她会把这过去的一天塞进箍住前面页面的橡皮筋里面，就这样，逝去的日子会被母亲一一塞进橡皮筋里面珍藏起来。珍藏起来的日子里，有风雨雷电，也有阳光雨露，有欢欣愉悦，也有争吵悲伤。等待月份牌被全部掀完时，就可以整本取下了。取下来的月份牌也用处多多——有时，女人们用它们给小孩子擦屁股；有时候，男人用它们来卷黄烟。

后来，月份牌又渐渐隐退，台历开始精彩亮相。当台历两侧厚薄几乎相等时，会进入一年之中最热的一段日子；当台历一侧高高隆起，而另一侧却薄如蝉翼时，这匆匆的一年就要挥手告别了。1971年，我

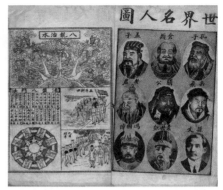

参军入伍，从此，15年军旅生涯就在一张张撕月份牌和翻台历的过程中溜走了，让人不禁感叹岁月匆匆、时不我待。

与台历一样风靡的还有挂历。20世纪八九十年代，挂历是新华书店的"爆款"。快过年了，济南的老百姓会像潮水般涌向济南市新华书店的柜台，抢着把一张张钞票往店员手里塞。那个时候的感觉是，买不到挂历，好像这个年都过不好了。

时代在发展，科技在进步。这一转眼，几十年过去，人们早已摆脱了对历书、月份牌、台历、挂历的依赖。想看时间，了解时令节气以及天文气象，一部手机就解决了。

我写日志49载：一个"小决定"，坚守"一辈子"

编者的话

从1970年入伍那年到今天，崔兆森一直坚持写日志，49年来从未间断过一天。时代和人生，就浓缩在或已泛黄或还簇新的119本日志本里。

1970年，响应时代号召，我参军入伍。那时我觉得人生新征程马上要开启，内心对未来更充满无限憧憬。我做了个小小的决定，决定从入伍第一天——1970年12月22日开始，每天坚持写日志，记录军旅生涯的点滴，力求坚持不懈，持之以恒。

就这样，一天一天，一年一年，一页一页，一册一册，49年过去了，直至今日，我仍笔耕不辍，每日坚持。49年来，我一天不漏地记录下平凡生活的细枝末节、点滴琐事，也记下了家国变迁、时代履痕。这些经年累月的所见所闻、所思所想，历经岁月的积淀，竟也串联成一部跨越半个多世纪的社会生活画卷。

始于41年前的改革开放是一个伟大事业，就在最初的激荡岁月里，我那泛黄的日志本里，记录着伟大时代到来前的思想激荡和头脑风暴——在1980年的一篇日志我写道：今天我们召开了一次特别会议，讨论议题有二，大家讨论很激烈：第一，"小岗村"分田到户，究竟是社会主义还是资本主义；第二，关于"应该不应该发奖金"的问题。要

我写的49年119本日志（谭天 摄影）

提高工作积极性，究竟是应该靠发奖金这样的物质刺激，还是应该依靠革命觉悟的不断提高？

我当时所在的部队驻扎在安徽蚌埠，离凤阳"小岗村"很近，只隔着一个县。改革开放初期，凤阳小岗村的惊世之举，带给社会的巨大冲击波也波及了军营。而至于"发奖金是物资刺激"的讨论，今天看来，整个改革总航程不断推进的过程，就是社会思潮不断破冰的过程。思想解放的过程也不可能一步到位，是需要循序渐进的。

改革开放犹如一股春风，不仅咱们国家的经济水平逐步提升，老百姓的物质生活也渐趋丰盈，家庭生活的不断升档提级，都被我定格在日志本里：20世纪80年代，我家有了电视机、电冰箱；20世纪90年代，我家装上了固定电话，我用上了BP机、手机，我和老伴出国旅行。我们家的住房也产生了质的飞跃，从改革开放之初十口人住57平方米的房子，一跃到现在我们老两口住着一百六七十平方米的房子。

49年来，我的日志本已积攒了119本，摞起来两米多高。为了让日记本尽量大小统一，我总是一次买上几十本一样的备用。49年前，要写日记这个"小目标"和"小决定"，已在漫长的时光里被塑造为不可或缺的生活习惯，已成为充满成就感的"系统工程"。每天早晨，我从家里出来后，到快餐店吃点早餐，再到工作室，坐下来后第一件事儿就是写日志。一种习惯如果坚持了将近50年的话，不干就觉得浑身不得劲。

时代不断向前，人也应该不断调整自己，力争与时俱进。现在，我每天写的都是"双料"日志，手写一份，电子版一份。写电子日志，始于2006年。从那一年起，我尝试着用"二指禅"的功夫，在电脑上书写日志，与此同时，手写的日志也不荒废，同期进行。

2017年，我还萌生了一个想法，就是把原来纯手写日志都生成电子版本。我找到我家附近一个文印社，请他们把所有日志录入电脑，又统计了一下字数，竟然有1500万字。1500万字是个什么概念呢，我看过作家二月河所著的康乾盛世三部曲，那13本大部头加起来才一共有500万字。更让我感到不可思议的是，当把1500万字存储进一张8G内存卡后，仅仅占到整个内存的2.5%！这让人不得不感慨于科技的伟大！

我把日记按照时间顺序，分为军旅生涯、银行生活、幸福银龄等五大部分。我的日志有连贯性和阶段性，有连贯的格式，有月结、半年结、一年结，每年底还评出个人十件大事，甚至编成了押韵的顺口溜，如：二零一七古稀年/女儿专程祝寿诞/三十多次上媒体/《幸福银龄》和《今晚》/创建齐泉十二载/金盆洗手在今天/后厦拆违当先进/济

参加中央电视台《中国日记》专题录制活动

南创城已圆满/女儿十年真辉煌/最盼外孙新照片/农舍待通天然气/院落尽铺花格砖/学生会，广播站，所有同学都找全/习近平，新思想/十九大，大宣传。这样一年生活的特点就记录下来了。

2002年12月22日，中央电视台的白岩松与和晶主持的《中国日记》，邀请我去北京参加节目，我把我写了33年的日记装了整整一大旅行箱，参加了节目的拍摄。

每天都写日志的习惯，让我所经历的每一天都是不可复制的，都是有着独属记忆的。回头一看，这就是一道道难得的人生履痕，是重温过去美好时光的绝佳载体。回首过去的时光，让我更加珍惜眼前的每一天，我在有生之年还会一直记录下去。

盛世修谱：寻访三千年崔氏故地

编者的话

俗语有云："乱世藏黄金，盛世修家谱。"中华人民共和国成立后，在强调"阶级和阶级斗争"的年代里，修家谱被迫中断。1978年，十一届三中全会停止了"以阶级斗争为纲"的错误方针，作出了把工作重点转移到社会主义现代化建设上来的战略决策。这之后，社会上再次兴起修家谱的热潮，成为"盛世修谱"在当代社会的反映。崔兆森作为崔氏一员，也极力想搞清楚"我是谁""我从哪里来"等问题。

一本家谱，可以清晰地展示一条生命的繁衍"线路"。我是谁，我从哪里来？这是每个人都时常会想到的问题。在中国的传统中，家谱就是对这两个问题进行解答的档案。作为崔氏后裔，我一直对崔氏的由来感兴趣。1990年，女儿在上实验中学时，放在家里一本关于《济南历史》的补充教材。我随意翻看时发现，这本教材第11页提到这么一句话："其中还有一个崔，即今济南一带。"这是不是说明我们崔氏就发源于山东呢？我决定展开一番调研。

我随后查阅各种史书资料，得知崔氏的确发源于山东境内的崔氏城，那么这个崔氏城到底在什么地方呢？

据《章丘历代沿革》《章丘县志》上记载，春秋战国时，"章丘先

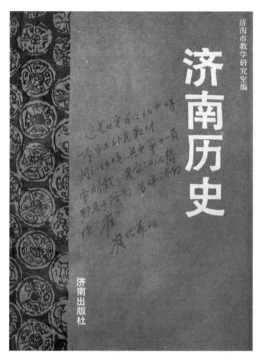

城子崖是龙山文化最早的发祥地，是新石器晚期的文化遗址，距今约4000多年，表明济南地区已进入父系氏族公社时期。

前面提到的章丘小董家，也发现了大汶口文化晚期的白陶，表明这地方后来也从母系氏族公社转变为父系氏族公社阶段。

炎帝、舜在济南的传说 据传，山东地区的土著居民是东夷人，他们是大汶口文化和龙山文化的创造者。考古发掘证明，大汶口人男子平均高度为1.7226米，在远古时期的北京人，男的平均高度约为1.62米，相比之下，大汶口人属于高个子。今天山东为数众多的高个子，可能与祖先东夷人的遗传有直接关系。

传说炎帝生于姜水，在今陕西岐山东，炎帝的活动范围从西向东发展，到达山东的曲阜。他的后裔散居于山东西部或西南部，建立了一些小国，例如甲父、向、州等地，即今金乡、莒县、安邱等县。其中还有一个崔，即今天济南一带，由此可见，济南地区的人民是炎黄的子孙。

传说舜是"东夷之人"。他父亲是位音乐师，名叫瞽叟，他创造乐器瑟。瞽叟的妻子生下舜后不久就死了，他又娶了后妻，生下一个儿子和一个女儿。舜的父亲和后妈，异母弟联合起来虐待他，甚至想害死他。

舜在历山干最重的农活，但没有人给他送饭，他怀念自己的生身母亲，如果亲妈在，早就送饭来了，于是他在田边树下弹琴唱歌，这就是古琴曲《思亲操》的来历。舜是一个勤劳和手巧的人，他还会烧窑制陶器、撒网捕鱼等。他助人为乐，帮人犁田或做其他活，同左邻右舍和睦相处。舜的

11

我女儿毛毛的《济南历史》（谭天 摄影）

后为谭国和齐国诸侯封地赖邑、台邑、崔邑""崔邑驻地土城，隶属齐国"。

《章丘县志》记有："崔姓城在县治（旧章丘城）西北70里，大清河（今黄河，清咸丰五年即1855年黄河在河南兰阳，今兰考铜瓦厢决口，夺大清河道入海，大清河河道改为黄河河道）之滨，俗名土城。"

《水经注》云："漯水又东北经著县故城南，又东北经崔氏城北。"按："大清河即济水，自西南来，经济阳南关外，绕城而东北，其南之上即章丘界，俗呼土城，乃崔氏城也。"

由此，我推断，崔氏城就在济南市章丘区内（那时为章丘县级市）。

2003年12月5日，《齐鲁晚报》刊登我写的《寻访三千年崔氏故地》

　　2003年11月9日，我驱车从济南遥墙机场门前北行不远，取道机场路，上了黄河大坝公路。从机场到黄河大坝仅有十多公里，沿大坝公路北行（黄河在这一段是南北走向）几公里，就到了土城村。

　　土城村左边是河面宽阔的黄河水，大坝上遍植护堤的柳树，右边则是平展的麦地。离土城村不远，是一座瓷砖琉璃瓦的建筑：土城子引黄闸。从黄河上提出来的水从引黄闸上来，一分为三，向东、北、南三个方向缓缓流去，灌入农田。那是一个公园，有大片的草坪，草坪上有一庹多粗的柳树和梧桐。从坝上沿百十层的台阶逐级而下，是一块花岗石石碑，上刻着"土城子引黄闸"及碑文，介绍建闸的过程。

土城村村外水渠环绕，还有一片大池塘，池塘里的荷叶已枯，下面的藕尚未收获，村里房舍庭院整齐，看样子有三四十户人家。我与几位上了年纪的农民攀谈，了解到村里已经没有一户崔姓人家，而且他们都不知道这里是古崔氏城遗址。看着幽静的土城村和奔流不息的黄河水，我想象着崔氏先民几千年前在这里农耕劳作、繁衍生息的情景，不仅生出一种历史悠悠的沧桑感觉。

2003年12月5日，综合各种考证资料，我在全国首次提出，崔氏的发祥地崔邑、崔氏城就在今山东省章丘市黄河乡西南5公里处的土城。我撰写的《寻访三千年崔氏故地》的文章在《齐鲁晚报》上刊登之后，也得到了全国大多数崔氏后裔的认同。

"国有史、方有志、家有谱、人有传。"这是中华民族的历史传统，也是我国历史档案的四大体系。从2010年开始，我积极参与崔氏族谱（利津崔普支系）修家谱这一系统工程，参加编委会的工作，准确提供资料信息，家谱中我父亲一支就有五人列入"家族名人"。2011年7月30日在家谱付梓前，我和哥哥从济南专程回利津捐资。2012年3月6日家谱印出发放，我撰写的《寻访三千年崔氏故地》被收入《崔氏族谱》中，我又将新族谱捐赠国家图书馆和山东省图书馆永久保存。

在家谱文化中有一个共识：30年一小修、60年一大修。如此这般，一是凝聚亲情血缘，二是从侧面记录国家历史的发展。在这个意义上说，家谱所演绎的，不仅仅是一部家族史，亦是一部社会史。

云中谁寄锦书来

编者的话

　　当移动通信和互联网将"天涯"变成"比邻"，中国人沿袭千百年的书信传统日渐式微。也正因为如此，那些一笔笔写下的内容丰盈、情感真挚的旧日书信，就有了民间史料的价值。这些书信，透露出家事点滴和心路历程，也承载着中华人民共和国成立70年来的珍贵记忆。

　　上小学时，我们家在济南小纬六路南街70号住。住在56号的曲老太太，经常在街上大老远招呼我："二小子，今天放学早点来，好几封信等着你写呢。""好来，曲姥娘。"回家后，我放下书包，就一溜烟儿跑到她家里。我的这位曲姥娘有一个女儿、两个儿子，都不在她身边。我每月要帮她给他们各写一封信。此外，我还要帮助她院里另外两个租户写信。这种帮人写信的日子从1958年小学四年级开始，直到1967年我参加工作离开家结束，持续了近十年时间。

　　1970年，我参军入伍。那时，书信是部队日常生活的重要科目，每周都有写家信时间。当时我在济南西郊机场当兵，离家不远，家信写得少，倒是帮别人写了不少。待到1975年我到山东诸城基层连队去锻炼的近一年时间里，以及1979年1月19日我调防到安徽蚌埠机场工作之后，我才开始大量书写家信。

我收藏的家信（郑涛 摄影）

现如今，对家的眷恋可系于微信和视频、电话，但在通讯不发达的年代里，家信是家庭成员间沟通的纽带和桥梁。中国人敬惜字纸，向来对于诉诸文字之物格外珍重。于是，盼信、拆信、回信、寄信，每一个琐碎的过程也都让人充满期待。

无数个远离家人的深夜里，在一盏孤灯的陪伴下，我铺开信纸奋笔疾书，洋洋洒洒以寄托胸臆。在那个"见字如面"的年代里，有形有质的家信中承载的亲情，仿佛春日和风、冬日暖阳，有着穿透人心、跨越时空的力量。如今再回头看这些信，即便是家庭琐事、碎语闲言，却也是其情切切、其意拳拳，让人从中收获亲情、收获力量。

我离开家去诸城的时候，女儿还未出生。若干年后，女儿长大成人，翻开父母亲当年的信件，试图寻找遥远年代关于爱情的表达方式，结果却令她很失望。信中大多是诸如此类的语言："今天就谈到这里了，明日若有事儿再去信叙述。若无变化，也就不写信了，否则会打扰你的正常生活。因为在一起待了两个月，猛地分开，还有些想你和孩子，这是真的。"（写于1980年6月23日零点34分）的确，我们那个年代，写信没有什么"牙碜"的话，夫妻间的想念点到即止，没有赘述。

书信，除了能让亲人心与心彼此靠近，让天涯若比邻，对形成和塑造家风也起到非常重要的作用。"天下之本在家。"家书是一种独特的表达，可以让读信人于字里行间体味朴素的美德、平凡的操守，领悟生活的经验、生命的价值。或许，这就是人们常说的"家书抵万金"。

1961年4月6日（农历二月二十一日）我爷爷的一位干兄弟叫韦贯钧，写给我哥哥一封信。信中一首诗让人印象深刻："读的书多胜大邱，不用耕种自然收，白日不怕人来借，黑夜不怕贼来偷。"诸如此般，娓娓道来的家书中于悄无声息中化育着家庭品格。一切无须明示，蕴藏于字句中的这种柔性的劝导和励志，传达着股力透纸背的力量。

1986年，我们的父亲去世了，他的一位老战友刘子甫老人用毛笔给哥哥和我写来一封信。信中写道："我与你们父亲相处已经四十多年了，我了解他的为人，在他身上存在着很多高尚的品德，给我们留下了许多光辉的榜样。你父亲在作风上艰苦朴素、勤俭节约，在经济上一尘不染、两袖清风。"书为心画，言为心声。刘子甫老人和我父亲都是渤海军区的老八路。他在信中对父亲的评价，其实也是对我和哥哥的引导和鞭策。家风这种看不见、摸不到的存在，因为长辈们的言传身教，潜移默化地渗透进后代骨血中，成为一个家庭承袭下来的宝贵精神基因。

除了家信，我保存了自1970年入伍以来所收到的全部信件，并把

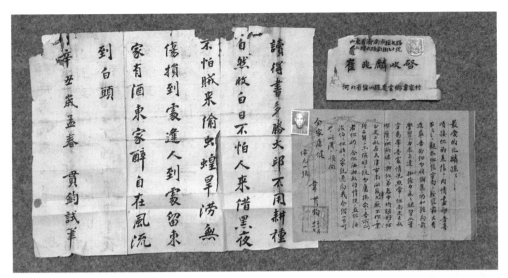

1.

1 | 1961年农历二月二十一日，我爷爷干兄弟韦贯钧写给我哥哥的信

2.

2 | 1986年3月19日，父亲老战友刘子甫悼念我父亲的信

翻看旧时书信（谭天 摄影）

它们按照年份装订成册，一年一本，一直到20世纪80年代末。这一本本家书既凝结着丰富的内涵和复杂的情感，也充满着鲜明的时代烙印。我入伍时正值"文革"时期，我们用的信封、信纸上都印有毛主席语录、最高指示等字样。这20多年的家书册子中，字里行间也不乏关于恢复高考、裁军、留学潮、下海潮、返乡探亲、炒股等时代大事的个人解读，从一个侧面反映了新中国一路走来的艰辛步履和改革开放的伟大历程。没事的时候，我经常拿出来翻看这些已经泛黄的信集，仍读得津津有味。

值得一提的是，1982年宪法第四十条明确规定："中华人民共和国公民的通信自由和通信秘密受法律的保护。"在此之后，书信迎来大发展时期，邮筒经常被各种信件塞满，邮递员经常满负荷劳作。到了20世纪

90年代初，有了电话了，很少有人写信了。我写的最后一封信，是1999年12月2日写给在国外求学的女儿的。我嘱咐她要劳逸结合，注意身体。由于寄信不方便，也就迟迟没有发出去。如今，再看看邮局，他们的业务几乎已全部变成寄包裹和快递，就连寄明信片都相当罕见了。

家书已老，家国情长青。如今，微信已成为传递亲情、促进友情的重要工具。越来越多的亲朋好友，甚至是我这样的古稀老人，都成了微信"达人"。五六十年前代人写信的情形仍犹在眼前，新时空下，从2013年6月开始使用微信的我，已成为同学群、战友群、工友群、同事群等十多个微信群的群主了。大家在群里相互问好，即传即达，再也不用经过寄信、回信、盼信的漫长等待了。这种快捷的方式虽然好，我却有些失落，是因为间杂着对遥远书信时代的些许怀念吧。

样板戏，独特年代的青春伴奏

编者的话

　　"文革"期间，"革命样板戏"唱响全国，大行其道。作为特殊年代的特殊产物，样板戏成为那个年代挥之不去的情感记忆和反复强化的审美习惯。对于崔兆森来说，样板戏凝聚着他独特青春记忆的同时，也重新规划了他的人生轨迹。

　　1967年5月31日，《人民日报》发表评论《革命文艺的优秀样板》，将八部文艺作品定为样板之后，系列化的演出便一刻也没有停止，几乎伴随了"文革"全过程。

　　1970年5月31日，我被分配至济南国棉四厂，当上了一名扫车工。这年7月份，毛主席发出了"样板戏要普及"的伟大号召。一时间全国上上下下，工厂、农村、部队和机关都掀起了演唱样板戏的热潮。当时，国棉四厂有工宣队派驻济南市京剧团，于排练样板戏而言，优势自不必多言。厂里最先排练的是《沙家浜》第五场《坚持》。那些新四军战士，都是由扫车队的小伙子扮演的。

　　厂里的同事昃宗兴扮演郭建光，连轴的高密度演出让他嗓子有些吃不消。一次，大家到济南空军领导机关演出，昃宗兴唱到"要学那泰山顶上一青松"这里时，突然顶不上去了。那时，我还不是演员，只是在天幕后待着为演员看衣服。"救场如救火"，见此状况，我不管

我收藏的《沙家浜》水粉画（崔信 摄影）

三七二十一，冲着台上亮了一嗓子，一下把这一句"高腔"给帮衬了过去。在场的观众竟没听出声音的出处，一时间，台下掌声、喝彩声四起。昃宗兴下台后，大家迎上去说，你最后那句唱得真好！昃宗兴告诉他们，那句不是他自己顶上去的，也不知道是谁暗中帮了一腔。我在旁边看着偷笑。他知道是我后一把攥住了我的手，感激地说："你今天可救了我的场了。"

厂里排演《沙家浜》全剧的演员名单上，剧中有名有姓的角色都是ABC制。因为厂里工作是"三班倒"，群众演员也按甲、乙、丙三套班子安排，真正做到了"抓革命、促生产"。那次"救场"过后，军代表张绣同志找到我，动员我演郭建光的C角。我没学过京剧，也不懂

什么表演程式、身段动作，有意推脱。她动员我说："你嗓子好啊，不妨一试。"后来，这一试，就和样板戏结下了不解之缘。在济南市京剧团专业京剧演员宋美娟、张永明两位老师手把手指导下，我刻苦训练，从唱念做打的基本功练起，我一点也不敢偷懒。到正式演出时，我这个C角把A角、B角都顶了，A角陈师傅去拉京胡，B角昃师傅去演了刁德一，我一个人扮演郭建光。

在那个特殊时期，国棉四厂除了有派到济南京剧团的"工宣队"，也有空军派驻到厂里来的"军宣队"。1970年国庆期间，一场慰问济南西郊机场空军指战员的演出过后，"军宣队"让我和阿庆嫂的扮演者小薛去航校指导部队业余宣传队排演《沙家浜》全剧。

我们在部队忙忙活活，待了一个多月时间。快离开时，航校政治部主任梁作寅问我："愿不愿意当兵？"我当然愿意，但担心自己年龄

大了（时年我已23岁）。令人意想不到的是，就在这年12月22日，我接到了应征入伍的通知书。

在那个"八亿人民看八个样板戏"的特殊年代，我们所能接触到艺术形式除了样板戏还是样板戏，十分单调。虽然单调，但不分老幼、不分地域，几乎所有的人都成为样板戏的参与者。在相当长时间内，我们以样板戏的对白为时髦，对其唱词及对白都很熟悉。仅《沙家浜》第五场《坚持》我就演出了不下一百场，时光流转至今日，我几乎还能唱所有唱段。

1.	2.

1 | 1970年9月，我出演《沙家浜》时的剧照（郝蔚 摄影）

2 | 1970年10月1日，我在济南国棉四厂"沙家浜"彩车上参加国庆游行

我收藏的样板戏剧本和主旋律乐谱

那个时候，不光演员们熟悉唱词，观众们经过高密集、大信息量的耳濡目染，也都对样板戏的唱词信手拈来、烂熟于心。1972年2月9日这天晚上，气温零下11度，天寒地冻，滴水成冰。我们穿着衬衣为黄山店三大队的社员演出，寒风里冻得瑟瑟发抖。当我的念白到"毛主席教导我们：往往有这种情形，有利的情况和主动的恢复"这里时，台下的观众竟然一起高喊出"产生于再'坚持一下'的努力之中"。接下来的那段西皮散板"困难吓不到英雄汉，红军的传统代代传，毛主席的教导记心上，坚持斗争，胜利在明天"，也成了台上台下演员观众集体大合唱！

反观我对样板戏的情感依恋，除了时代造就的审美习惯之外，也因为它是我走向部队的重要"使者"。在15年部队时光中，我就有心地把许多样板戏剧本收集起来。在后来的岁月里，我逐渐收全了样板戏剧本和主旋律乐谱，包括《沙家浜》《红灯记》《智取威虎山》《奇袭白虎团》《海港》《龙江颂》《杜鹃山》《平原作战》《红色娘子军》《白毛女》，算是留下了一份对样板戏年代的特殊记忆。

鸳鸯板背后的"文艺轻骑兵岁月"

编者的话

  改革开放初期，崔兆森组织的"三人演唱组"在南京空军部队大受欢迎。这个短小精干的"文艺小分队"里，队员们个个"一专多能"。在崔兆森的家庭博物馆里，一对说山东快书所用的"鸳鸯板"，虽已被岁月斑驳了原本的模样，却依旧承载着难忘的"文艺轻骑兵岁月"。

  党的十一届三中全会公报发表后，中国迈开了改革开放的步伐。在不同岗位上应如何改革，如何开放，如何在新的时代背景下开拓工作的新局面，无先例可循，无经验可借鉴。邓小平同志在当时曾说过："我们现在做的事都是一个试验。对我们来说，都是新事物，所以我们要摸索前进。"

  当时，我在部队文化部门当干事，如何开拓基层部队文艺工作的新天地，我们也是"摸着石头过河"，也是"大胆地试，大胆地闯"。1979年春，我们接到上级让组织业余宣传队的任务。

  业余演出活动是我军的优良传统。改革开放之初，"文革"前的电影片还没有完全"解放"，大部分基层连队特别是边远的单位也没有配备电视机，部队业余文化生活堪称匮乏，业余演出活动很有必要。

我收藏的一套《战地新歌》

　　自1970入伍以来，我参加了每一届宣传队，从新兵干到队长。接到组建任务后，我认为，无论从队伍组成、演出形式还是节目内容，宣传队都应该有创新。我们首先敲定了演出的主题特点——无论什么节目，都应该符合时代新形势，切中时代脉搏。在当时的节目单上，有发扬我军英雄主义气概的数来宝《边防线上赞英雄》；有从正面引导正确认识农村经济体制改革，反映农村搞联产承包内容的山东快书《老两口赶会》；还有反映部队真人真事，我们自编自演的山东琴书《一滴汗》《手榴弹归队》以及讽刺社会不正之风的相声《好学》等。

　　在演出阵容上，新的业余宣传队也有了较大的变化。1979年之前，我们每一次组队，都是那种人数较多的大型宣传队，演员们负责吹拉弹唱，当队长、当指导员的管吃管喝管思想。由于队伍庞大，下部队演出时只能选择大的礼堂和剧场，无法深入基层连队。十一届三中全会号召我们全党，干一切工作都要从实际出发。从能深入到基层连队的目的出发，我开始思考如何才能办好新时期的宣传队。我想起了20世纪60年代中期，活跃在内蒙古草原上的文艺轻骑兵——"乌兰牧骑"。他们整支队伍只有八九个人，演出的时候也只有一些简单的乐器、道具和两辆马车，带着队旗就出发了。他们这种演出形式给了我们很大启发。

十三航校三人业余曲艺组汇报演出

节　目　单

一、三人数来宝：《边防线上赛英雄》
二、山东快书：《老两口赶会》
三、评　书：《肖飞买药》
四、山东琴书：《一滴汗》
五、天津快板：《手榴弹归队》
六、相　声：《好　学》

附：演员介绍

崔北森　十三航校政治部文化科干事

袁国煌　十三航校训练二团一中队机械师

王富春　十三航校训练三团一中队特设师

　　一开始，我们从基层部队抽调文艺骨干组队时，考虑演出阵容保持在十人以下，后经反复推敲、试验，最后只用三个人就能完成这台100分钟的演出。这样我们下部队，一辆北京吉普车就够了。除了我，我们从基层连队抽调了两位同志袁国煌、王福春，组建了"十三航校三人业余曲艺组"，亦称作"十三航校三人演唱组"。

　　袁国煌、王福春都是1968年入伍的天津人，此前都是历届校宣传队的文艺骨干，曲艺项目样样拿得起。我早在1958年济南团市委办的夏令营里也学过山东快书，有一定曲艺基础。

　　在演出中，我们扬长避短，较多地采用了曲艺的形式。因为曲艺幽默、活泼、引人入胜，易于引起观众共鸣。同时，对于演出人员来说，曲艺节目小型多样，演出形式机动灵活。我们三人虚心向专业文

艺团体请教，虚心听取部队广大指战员的意见；在演出中悉心体察观众的情绪反应，不断对作品加工修改，提高演出质量。

经过一段时间的排练、试演，我们"三人演唱组"正式"上线"了，开始在驻江苏盐城的部队演出。演出收效出奇的好，原南京军区空军文化部副部长陈进听说后，专程到盐城观看我们节目，并让我们到南京为南空政工会议的首长进行汇报演出。那场演出设在南京军区空军会议招待所飞机楼小礼堂，这个小礼堂中华人民共和国成立前是

1.	2.

1 | 1979年十三航校"三人演唱组"节目单

2 | "三人演唱组"在江苏江阴宝华山山顶为导弹部队值班人员演出（李同溪 摄影）

国民党空军的礼堂。演出大获成功。十三航校时任政委何连科陪同军区空军首长上台祝贺演出成功。领导同志说："你们要到咱们南空的基层部队去为大家演出，为宣传三中全会精神服务。"

在接下来的日子里，我们把演出服务的阵地延伸到各个军营哨所、边防连队，努力做到部队在哪里、哪里就是舞台。从1979年7月21日到1980年2月12日半年时间里，我们三人在南空文化部李同溪干事的带领和领导下，到安徽、江苏、上海、浙江的空军部队先后演出过64场。超过42000官兵观看了我们的表演。

我们在容纳千人的大礼堂里演出过，也翻山越岭地来到高山哨所前为三位士兵演出过。看过我们演出的官兵反应均比较强烈，"演出符合新形势的要求，回答了众所关心的一些问题""多年没有见到过这种演出了，看后觉得很新鲜""这些节目内容都是部队建设需要的"。一位教导员看过相声《好学》以后，对我们说："你们这个节目很及时，我本想给部队上一课，但不知怎么讲好。你们演出既形象又生动，战士们很爱听，帮我上了政治课。"

随着时间的推移，"三人演唱组"影响越来越大，被当时的《空军报》称为"文艺的轻骑兵""部队的乌兰牧骑"，由此引起军委空军副政委黄立清同志的关注和称赞。《空军报》还用了一个版面的篇幅，全文刊登由我创作、刘天增同志修改的山东琴书《一滴汗》节目。后来，我代表"三人演唱组"受邀到福建漳州空军基层文化工作会议上介绍经验，做了题为《从实际出发，搞好业余文艺演出活动》的汇报讲话。

1979年8月23日，时任南京军区空军文化部长、电影《战上海》的编剧柳特同志把我们请到他家，为我们蒸上了一大笼屉的阳澄湖大闸蟹，用他浓重的山东口音说："犒劳犒劳你们！"

1.

2.

1｜1984年2月14日，与韩非、程之及裘志明同台演出

2｜我使用多年的鸳鸯板

1984年2月14日，我带着部分节目，应邀与著名老电影演员韩非、程之以及南空文工团的独唱演员裘志明承担了驻上海江湾空军部队的庆元宵文艺晚会上半场演出。

这是一段难忘的文艺轻骑兵岁月。我们三个人轮番上场，一场演出下来大约需要一小时四十分钟。就算是在隆冬时节演出，我们也总是体力透支，大汗淋漓。在岁月的流转中，我还保存着原来的手风琴和表演山东快书使用的"鸳鸯板"，也留下了大量演出照。平日里，我时不时地拿出来翻看一下那些泛黄的老照片，思绪总能一下子回到那段难忘的岁月中。

三代人的语文课本

编者的话

　　崔兆森的母亲保留下老两口用过的课本，保留下儿女们的课本；崔兆森又学着母亲的样子，存留下自己的多种课本，存留下女儿的课本。这种传承和默契，让我们感受这家人对知识的敬畏，感受到接力的温情。我们以语文课本为例，读读背后的故事，看看纸张里的时代变迁。

　　1954年，7岁的我挎上母亲亲手缝制的书包，成了一名小学生。到校第一天，老师就给我们发了新的语文课本。看到新课本时，我们兴高采烈，完全没有想到这将是一个痛苦的开始。在那个写繁体字的年代里，我们迎来了第一次书写大考验——我们的第一课是《开学了》，第二课是《我们上学》，第三课是《学校里的同学很多》。出现了三次的"學"字，把从来没有握过笔的我们，难为得不轻快。为了让我在家练习写"学"这个字，父母给我买了一块那个年代流行的石板，让我比着课本一遍遍地学着写。可那时我总也写不好，恨不得把石笔掰断，把石板给摔碎。

　　父母之所以如此看重子女的学习，是源自他们对知识发自内心的渴求。由于早些年连年战争，兵荒马乱，我父亲错失了许多学习文化的机会。在我成为小学生的第二年，也就是1955年，我的父亲也成了一名学生，在山东省级机关第五干部业余文化补习学校进修，地址就

		1｜我的启蒙语文课本第一课《开学了》（1954年）
1.	**2.**	
		2｜我用过的石板
3.		
		3｜父亲在业余文化补习学校进修完结的毕业证书和语文课本

在今济南经四路小纬六路路西的一个大院里。在他的第三册语文课本里，有《中国人民政治协商会议第一届全体会议开幕词》《斯大林在苏联共产党第十九次代表大会上的演说》《中共中央代表刘少奇同志在中国工会第七次全国代表大会上的祝词》《关心群众生活，注意工作方法》《中国共产党与中央委员会关于在报纸刊物上展开批评和自我批评的决定》一系列充满时政味道的内容。这让人觉得，这不像是一本语文课本，反倒像是一本政治读物。当然，也有一些坚守语文本分的篇目，诸如《请大家注意文法》《词类》《句子的成分》《虚词用法》《并列与比较》《怎么写报告》。

1958年，我的母亲也成为继哥哥、我、父亲之后，我们家第四位"读书人"。从这一年的夏天开始，她参加了街道办事处举办的"扫盲"业余学校，学习文化知识。她的语文课本内容偏重语文知识在现实生活之中的实际应用，教学内容有汉字数字的大小写、油票、布票的面值和种类等。那本语文课本是1956年编写的，也记录下1956年的济南市情：那时的济南"全市有七十多万人""有五个市区：历下区、泺源区、市中区、天桥区和槐荫区""1956年1月20日，是一个不平凡的日子。从这天起，本市私营工商业全部公私合营了，经营天天改进，生产日日提高，真是一天一个样，到处都是新气象"。

多年来，我家一直保留着父亲、母亲以及我上小学以来的课本，就算是我们十口人挤住在57平方米的逼仄空间里时，这些课本都没有被处理掉。这得感谢我的母亲。她把我们所有的课本都小心翼翼地收拾起来。她虽然文化不深，识字不多，但一直用她自己的方式尊重知识、尊重文化。

得益于母亲的悉心收藏，60多年后，我仍然能够翻看我当时的课本，重温那一段难忘的学习时光。依时间顺序，翻看我的这些课本特别是语

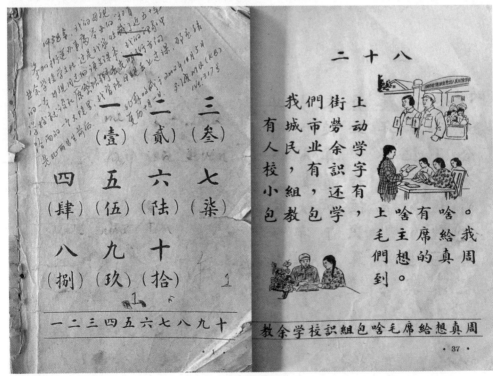

文课本，可以清晰地感受到课本几十年来所经历的巨大变化——从竖排本到横排本，从中开本到外开本，从繁体字到简体字，从国音字母到汉语拼音，这种变化可谓翻天覆地。

有了母亲的示范，我有了孩子之后，也把她从小学一年级到研究生的课本保存起来，和我的那些课本并排放在一起。不忙的时候，我喜欢翻看这些不同版本的语文课本。通过课本内容的变与不变，我们可以看到几十年来咱们国家的语文教学所走过的道路，看到语文教育工作者们为了母语文化、为了语言文字所作出的努力和贡献。

65年前，我的语文第一课给了我一个大大的"下马威"。几十年后，女儿开学第一课虽也是关于"小学生上学了"的内容——"我是小学生，我们上学去""老师早""同学好"。虽"学"字也是高频出现，但他们的年代已是简化字的天下了，不会再有我们当年初学繁体字时的各种惶恐和不适了。

一个时代的语文课文，带有一个时代的印记，也带有那个时代的温度。我的课本里有歌颂毛主席的《东方红》篇目，女儿的课本里则有向雷锋学习的《过桥》篇目。还有一些篇目已经流传了几代人，成为语文教科书里的"常驻"篇目。《小小的船》就是代表性篇目——弯弯的月儿小小的船，小小的船儿两头尖。我在小小的船里坐，只看见闪闪的星星蓝蓝的天。这首儿歌是由组织、编辑、出版了新中国第一套语文教科书、创作了"语文"这个词汇的叶圣陶先生创作的。这首儿歌入选了1955年的语文课本，又出现在我女儿的小学一年级课本

1.

2.

1 | 我小学一年级下学期（1955年）的语文课本及扉页
2 | 母亲的语文课本（1958年）

我的小学语文课本（1954—1960年）

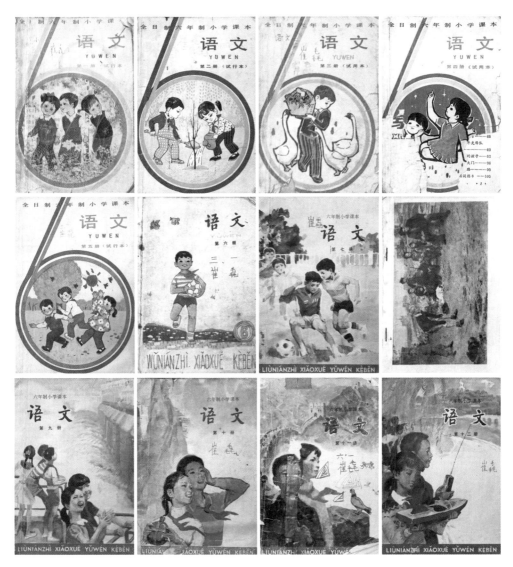

女儿的小学语文课本（1982—1988 年）

里，近四十年过去后依旧保留在现在一年级小学生的语文课本里面，成为跨越时空的经典。

除了课本，从女儿出生当天开始，我就开始给她建立档案，目前，已经3卷600多份。其中第一卷里的东西最五花八门，也最有看头。有女儿出生时的脐带、出生证明，幼儿园涂鸦作品、玩过的糖纸，老师发的"好孩子"红纸条、第一本作业本、成绩单等。这些东西，我都给她保留了起来。后来，女儿在国外工作时需要出生证明，周围的同龄人没人能找到，但她知道她的出生证明一定在。

被《大众电影》拉长的时光

编者的话

崔兆森喜欢看电影，还喜欢"读电影"，他收藏了《大众电影》从创刊以来到现在70年的全套杂志。守护着这些见证和伴随中国电影成长的专业刊物，崔兆森更像是虔诚地守护着一段过往的岁月，一种历史的情怀。

从小学一年级开始，学校里就经常组织我们去看电影。我在学校里看的第一部电影是根据俄罗斯著名文学家普希金的小说改编的《渔夫和金鱼的故事》。那是一部进口的彩色电影，看到渔夫和金鱼能在一张巨大的幕布上行走、说话，我们激动得嘴都忘了闭上！

回想20世纪五六十年代，老济南的电影院非常多。1953年，济南一下子盖了三座新的电影院——十二马路的明星电影院、天桥北头的光明电影院和人民商场的中国电影院。三座电影院从外观上看起来，都是民族形式的"大屋顶"，富丽堂皇。从现在依旧"健在"的明星电影院的外观上，就能依稀看到几十年前老电影院的旧日风姿。除此之外，济南城里还有大观、职工、军人、和平、新华、中苏友好电影场等十多个电影院。

这些电影院的生意都火爆一时，这种火爆甚至延续到20世纪90年代初。只要影院张贴出新海报，影讯很快就传遍整个济南，电影院里经常个个爆满。一个电影院，楼上楼下能装下近千人，从早到晚，不停地在放电影。就是这种排片密度，不少人为一张票，凌晨四五点就去排队买票，等几个小时也不计较。说电影票一票难求，真是一点不假。虽然一票难求，但那时候的电影票的确便宜，两毛钱就能看一场。看电影是那时候年轻人谈恋爱的一个很重要的渠道，大人给介绍对象，就是买两张挨着的电影票让年轻人去看电影，说不定就能促成一段婚姻。

我平生看过的第一部彩色电影是《渔夫和金鱼的故事》，无巧不成书，我看到的第一本《大众电影》，竟也是《渔夫和金鱼的故事》做封底的那一期！1953年10月那一期，《大众电影》的封底图像是从电影中截取的一个精彩画面，内页中还有关于电影拍摄花絮的介绍。65年前，一本杂志的彩色封面和有关电影故事的文章，带给我的惊喜和震撼，无异于一部彩色电影带来的震撼，在一定程度上甚至能超越电影带来的冲击。因为电影毕竟一看而过、转瞬即逝，杂志却可以长久地存于身边，随时翻看，常看常新。

后来，我从地方到了部队，担任文化干事，巧的是，我正好分管电影组。我们经常下连队为基层官兵放电影。当然，放的最多就是"老三战"——《地雷战》《地道战》《南征北战》，再加8个样板戏，除此之外还有一些来自阿尔巴尼亚、前苏联和越南的电影，有着鲜明的时代印记。放电影时，所有官兵都坐在一个大操场上，一半看正面，一半看反面。有一次放阿尔巴尼亚的《地下游击队》时，这个镜头正放着，下个镜头的台词观众就一起喊出来了。翻来覆去就这几部电影，大家看了一遍又一遍，台词早都背过了。后来，我常利用业余时间整理和收集有关电影的资料，我和电影、和《大众电影》的缘分，又一次续接了起来。

一直以来,《大众电影》用自己独特的方式,记录着中国电影的变迁史和成长史。当改革开放大幕缓缓拉开之时,曾沉潜于"三大战"十余年的中国银幕悄然"变脸"。1979年《大众电影》第5期封底,刊登了英国电影《水晶鞋和玫瑰花》男女主角拥吻的剧照。这在现在看来十分普通的一个画面,当年着实引发了轩然大波,一位叫问英杰的读者愤然投书质问,"你们是什么动机?是在宣扬什么呢?"

面对此次舆论风波,《大众电影》编辑部随即在当年第8、9期上开设"由一封读者来信展开的讨论"专栏,在当年第10期上告知读者"两个月时间内共收到来信和来稿11200多件,最多时一天收到来信近七百

1.	2.

1 | 1953年10月,《大众电影》封面

2 | 1953年10月,《大众电影》封底是世界经典童话故事《渔夫和金鱼的故事》剧照

封"，还在刊发《寒流挡不住春天的脚步——读者来信综述》一文中称，
"从已经收到的读者来信看，赞同他的观点还不到百分之三""这次把读
者提出的问题公之于众，测出了是非，测出了人心的向背"。

　　这之后，原本就风头无两的《大众电影》，更是集万千宠爱于一
身。1981年，也就是它复刊的第3年，最高发行量达到了947万册——
这几乎相当于当时7亿人口中，每70人就有一本《大众电影》，创造了
电影杂志销售量的世界纪录。当时，能买到《大众电影》是件很有面子
的事情，好像谁能买到谁就是能人一样。它的发行渠道只在邮局，连
新华书店都买不到。

　　关于《大众电影》的收藏之路，始于1994年10月。那时，女儿刚刚
离家去北京读大学，老伴分了一套三居室的房子。在两个卧室之外，多

出一间12.5平方米的房子，可以当书房。在布置书房的过程中，我找到了20多本旧《大众电影》，静静地坐在书桌前，一页一页翻阅已然泛黄了的页面，沉睡在脑海深处的中国电影往事，又一帧一帧开始重放。

就从那一刻起，我萌生了一个想法，我想多收集一点《大众电影》。此后十余年岁月中，逛文化市场、旧书市场，找《大众电影》就成了我重要的业余生活。我跑遍了济南之后，也到全省各地乃至全国各地，"众里寻她千百度"。北京的潘家园、报国寺，上海的多伦路、文庙，以及南京、武汉、天津这几个大城市的文化市场，只要出差到那里，我每次必去。

但也有一些是在文化市场上找不到的，我在2001年的《大众电影》上发表了一篇名为《谁来圆我的〈大众电影〉收藏梦》的文章，随后收到了来自全国各地的藏友的信件，提供线索甚至无偿赠送杂志。

在全国各地藏友的帮助下，到2002年，我就只差创刊号这一期了，遍寻不得。2004年10月13日，潍坊藏友聂传声先生给我提供了一个重要线索，说济南成通文化城出现了《大众电影》的创刊号。我匆匆赶过去，确认无误后，赶紧回家取钱，最终以2800元的价格把《大众电影》创刊号带回家，全套终于收全。至此，收藏《大众电影》的愿望算是最终达成。

2002年9月30日，我突然接到了一个陌生电话。致电之人自称是

1.	2.

1 | 1979年第5期《大众电影》，开创用电影演员生活照做封面的先河（封面演员为陈冲）

2 | 1975年第5期《大众电影》封底为英国电影《水晶鞋和玫瑰花》剧照

中央电视台《实话实说》栏目组的制片人孙庆石。他说，央视《实话实说》要做一档全新栏目《电影传奇》，他们去《大众电影》杂志社想借阅相关杂志，获知杂志社也没有存留全套杂志。但他们也同时获悉，全中国有两个人有全套杂志，一位在东北，另一位就是我。

一番对话如下展开：

"崔老师，能不能购买或者租用一下您的全部杂志？"孙庆石试寻地问。

"我的收藏不卖也不出租，可以无偿借给你们用。"

"太好了，明后天我们派四个人到您那里去拿一下。"孙庆石有点难以置信。

"不用了，正好我要去北京出差，我给你们捎过去吧。"

放下电话后，我把全部杂志码好，装了满满五个大纸箱子，到了北京后把它们送到了栏目组。用了一年时间，栏目组把所有《大众电影》杂志逐本扫描，制成电子文件。2004年4月3日起，CCTV一套《东方时空·周六特别奉献》中开播了一档别开生面的新栏目《电影传奇》，每期讲述一部中国电影的创作过程，以及其中轶闻趣事。在栏目组制作的宣传册中，在"特别鸣谢"4家电影机构——上影、长影、八一、中影集团之后，还出现了以下字样——

1.

2.

1 | 我写的《谁来圆我的〈大众电影〉收藏梦》刊登于2001年第1期《大众电影》

2 |《大众电影》以《寻寻觅觅十年路　一步之遥大团圆》为题，介绍我的收藏故事（陈志超　撰文）

《电影传奇》宣传册中感谢我对他们的帮助

　　"我们还要感谢山东的崔兆森先生和支持我们的所有朋友，他们将珍藏的电影资料提供给我们，让我们对过去知道得很多。"

　　后来，有一次，当时的《实话实说》主持人崔永元见到我，感激

1950年第1期创刊号·苏联影片《小英雄》剧照

1955年第7期总第100期·《山间铃响马帮来》剧照

1959年第11期总第200期·《飞越天线》剧照

1966年第6期总第306期停刊号·毛主席和阿尔巴尼亚谢胡

1979年第1期总第307期复刊号·《今夜星光灿烂》剧照

1986年第10期总第400期·青年演员张小敏

1995年第2期总第500期·著名演员巩俐

2002年第18期总第600期·陈凯歌

2006年第22期总第700期·封面回忆

2011年第2期总第800期·电影演员胡军

2015年第6期总第900期·电影演员高圆圆

2019年第3期总第957期·电影演员潘粤明

赵丹《林则徐》　　白杨《春满人间》　　张瑞芳《李双双》　　上官云珠《雷雨》　　孙道临生活照

秦怡《摩雅傣》　　王丹凤《家》　　谢添《林家铺子》　　崔嵬《红旗谱》　　陈强《瞧这一家子》

张平《停战之后》　　于蓝《翠岗红旗》　　于洋《英雄虎胆》　　谢芳《青春之歌》　　李亚林《我们村的年轻人》

张圆《花逢春雨》　　庞学勤《花园街5号》　　金迪《我们村的年轻人》　　田华《白毛女》　　王心刚《海鹰》

王晓棠《边塞烽火》　　祝希娟《红色娘子军》

地说了句："山东人真仗义。"我才得知，他们在找到我之前，先联系了另外一位收藏家，但他根本不外借杂志甚至连看都不让看一眼。

2016年9月，我的这套跨越66载近千册《大众电影》被评为当年"山东民间收藏十大精品"之首，我也荣膺"山东民间十大收藏家"称号。在后来创建家庭博物馆时，截至2019年9月底，我把上迄1950年创刊跨时69个年头963期《大众电影》杂志放进了博物馆，并把所有封面制作在三个展板上。有趣的是，每次来人参观，都不自觉地走向自己熟悉的展板。像我这个年纪的，肯定是对第一块展板里的电影明星最熟悉，比我们年轻一些的对第二块展板的明星较为熟悉。一天，来了一群"90后"的孩子，他们其中一位指向一张封面，跟我说："这是鹿晗！"他说的这位新时代的电影明星，我们这个年纪已不知道他是谁了。

算盘：从"技艺"走向"记忆"

编者的话

　　崔兆森的岳父用一把老算盘把四个女儿都培养成了会计。随着时代的发展、科技的进步，算盘渐趋退出历史舞台，从"技艺"走向"记忆"。崔兆森的老伴和她的姐妹们，也成为计数产品更迭的见证人。

　　20世纪50年代，我上小学那会儿，学校里非常重视珠算教育。每逢珠算课，我就一肩挎着书包，一肩挎着算盘去上学。每次上珠算课，教室里可真够热闹。四五十个学生一起打算盘，整个教室都是噼噼啪啪的声音。那时候，在我看来，算盘神奇得不得了，不论多么复杂的题目，都不在话下。

　　在计算器尚未普及的年代里，算盘可谓一枝独秀、领尽风骚。我上高中二年级的时候，还学过一支社会上广为传唱的男声表演歌曲，叫《我的算盘好伙计》：我的个算盘/好呀么好伙计/唱起那个歌儿来/脆呀么脆滴滴/从早我一直忙呀忙到晚/（白）喂！同志你就听吧/噼里个噼/啪啦个啪/噼里个啪啦噼里个啪/算出个丰收的好消息呀/好消息吧嗨/大家都欢喜！我当时还强烈建议班里文娱委员贾亚光组织排练这个节目。

　　我岳父有一个牛角珠子的老算盘，现在收藏在我的博物馆里，他的四个女儿都是会计，都用过这个算盘。我的老伴李蓉上过济南市商

我收藏的各种算盘，轻抚这些算珠，就像在轻抚时光（杨超 摄影）

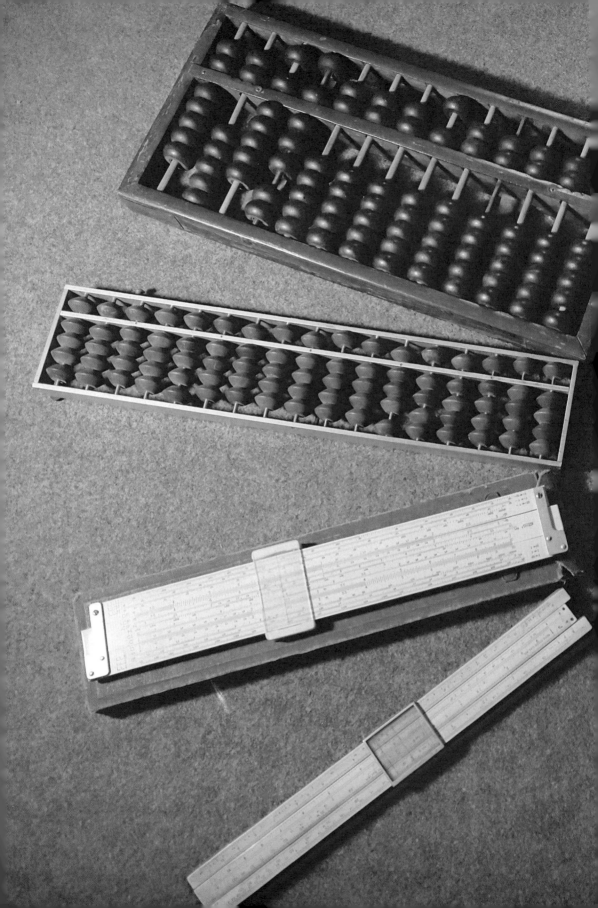

我收藏的算盘、计算尺、计算器，它们见证了计数产品的更迭（郑涛 摄影）

我收藏的各种算盘（杨超 摄影）

业系统的会计培训班。结业之后，她一开始在济南一家烟酒站的下属单位工作。靠手中的老算盘，她每天对账目进行汇总、复核，没有出过什么差错。后来，我到了蚌埠部队，她随军去了蚌埠外贸局从事统计工作。1985年，我转业回济南后，她又跟了回来，去到山东省工商银行计划处。这些年来，无论辗转到哪里，她都带着父亲那把老算盘。她的大姐李萍也是个算盘高手，曾夺得过全省银行系统珠算大比武的冠军。大姐打起算盘来，手指像变戏法似的上下翻飞，算盘被打得噼里啪啦响，让人看得眼花缭乱。

算盘固然神奇，却难以逆转落寞之势。我的老伴也成为计算用品改朝换代的见证人。一开始，她用的都是传统大珠算盘，之后算盘越做越精细，"体态"越来越玲珑的同时，还有了智能色彩的自动归位按钮。大约在20世纪90年代，老伴的单位里有了计算机，键盘与算盘并用的场景非常普遍。后来简便小巧的计算器"横空出世"并以风卷残云之势横扫"算盘"，再后来，大家都用电脑做账之后，她就很少再碰算盘了。

仿佛一夜之间，算盘就失去了用武之地，到现在，它竟成为濒临消亡的"老物件"。2008年，珠算被列为国家级非物质文化遗产。2013年12月，中国珠算成功列入联合国教科文组织人类非物质文化遗产名录。申遗的成功，让算盘这个已然淡出生活实用层面的老物件成为热点话题。不少人倍感纠结：在科技迅猛发展的今天，我们到底还需不需要算盘？与此同时，公众也开始考虑，我们该如何打好保护传统文化的算盘？

人们努力地探寻着对算盘活化传承的现实路径。在教育产业中，"珠心算"风生水起。孩子走进他们未曾领略过的算盘世界，不光见识了算盘的实在模样，还在心里"刻画"上一把算盘，用算盘心算加减乘除运算。虽然这对弘扬珠算传统文化来说杯水车薪，效果却不容小觑。

随着科技的发展，不光算盘丧失了大规模应用的土壤，计算器也日渐式微。生活中，我老伴要算个账的时候，也已很少用单独的计算器了，而是随手摸过手机，使用上面的计算器。后来，我把两代人都使用过的老算盘放进了博物馆里。2015年的一天，我中学时代的王建宗老师把他父亲王英（中华人民共和国成立前北京大学的教授）使用的一个计算尺和他当年在省委政策研究室时使用的一个计算器也送到我的家庭博物馆里。盛放计算器的皮夹子里还夹着一张纸条，上面记着一个复杂的计算公式，这是当年王建宗老师用来计算全省年经济增长率的。

一张迟到的毕业证书

编者的话

1966年，已经填过大学保送表的崔兆森，其大学梦却因"文革"开始而无奈作罢。作为共和国的同龄人，他们与祖国一起历经了磨难，又迎来冰雪消融的欢沁时刻。

来到始料未及的人生"拐点"上

2019年大年初四，我们十来名同学照例去给高中班主任孙佩华拜年。聊天中，孙老师不无感慨地对大家说，你们由于历史的原因，失去了上大学的机会，这是人生一大憾事。特别是兆森，你还失去了保送大学的机会。说话间，同学们一脸不解地望向我。

在回去的路上，我跟他们揭开了一段尘封了53载的往事。时间回拨到1966年4月，我们整个高三年级都在紧锣密鼓、全力以赴地备战高考。在摸底考试中，我和同学钮平章都是6门功课考出了620分的成绩。孙佩华老师也是学校当时的教导处副主任，一天，她把我叫到办公室，递过一张西北工业大学的保送表让我填。待我填好后，孙老师嘱咐我不要放松总复习，坚持到最后一刻。

让人意想不到的是，没多久，"文革"开始了。6月17日那天，学校广播上突然播出了党中央将"高考推迟半年"的决定。当晚，我们表党中央和国务院发布的改革高等学校招生考试办法和推迟高等学校招生的决定，是及时的，英明的，正确的。这个决定表达了我们千百万工农子弟的愿望，我们举双手赞成，坚决拥护。我们认为这个决定，真正体现了毛主席的教育思想，是无产阶级教育事业中的一项革命的根本措施。这是关系到培养无产阶级革命事业接班人的大事，关系到我们国家是否走社会主义道路的大事，关系到中国永不变颜色的大事，也是关系到世界革命的大事。我们热烈拥护这个决定，坚决照办。

毛主席早就教导我们：教育为无产阶级的政治服务，教育与生产劳动相结合，同时还指出：我们的教育方针，应该使受教育者在德育、智育、体育几方面都得到发展，成为有社会主义觉悟的有文化的劳动者。北京女一中高三（四）班和北京第四中学全体革命师生给党中央和毛主席的信及向北京市师生发出的倡议，很好地体现了毛主席的教育思想，说出了我们的心里话。我们切身体会到，在学校教育工作上，存在着无产阶级同资产阶级两种思想和社会主义同资本主义两条道路的斗争。资产阶级教育思想表现在升学问题上，就是单纯追求升学率，分数挂帅，这同我们党和毛主席提出的德育、智育、体育全面发展的方针，是背道而驰的。他们缺乏工农感情，对工农子弟冷眼看待。过去我们学校领导和教师就是实行分数挂帅，单纯

坚决走革命化的道路

济南第十四中学高中应届毕业班全体革命学生

追求升学率。在考试前，经常不择手段地采用"填鸭"式的补习，以达到他们追求自己的所谓"盛誉"，获得地位和权利，从而培养资产阶级所需要的接班人的目的。在学习上，他们只管学生的分数，不问学生的政治思想。只要学习分数高，就被列为"优等生"，成为"好学生"，就得到优待，升学就有了保证，并且可以保送到"重点"学校学习。这些办法，只有利于那些不关心集体、不问政治、不关心国家大事的资产阶级学生，却严重地打击和排斥了一心向党、热爱集体、热爱祖国的工农子弟和革命干部子弟，引导学生走上埋头读书、死读书、个人奋斗，只知学习，不问政治的白专道路。这种封建的、反动的教育制度，我们要坚决打碎它，砸烂它，来个彻底地改革，创立一套完全体现党的教育方针的新的教育制度。

我们是毛泽东时代的革命的青年学生，我们永远听毛主席的话，跟毛主席走，永远忠于毛泽东思想。我们牢牢地记住毛主席的教导，坚决地同工农群众结合。今年毕业后，我们坚决响应党的号召，到农村到工厂去参加生产劳动。只要是党的召唤，那里需要，我们就到那里去！我们要终生地听毛主席的话，照毛主席的指示办事，做无产阶级的革命派。我们决心高举毛泽东思想伟大红旗，在党的教育方针和毛泽东教育思想的指引下，奋发前进。

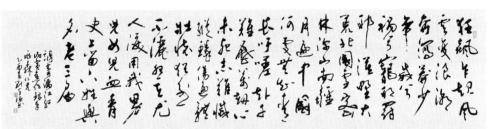

1.

1｜我们撰稿的《坚决走革命化的道路》刊登于1966年6月19日的《大众日报》

2.

2｜2005年5月，老战友刘天增赠予我的书作《老三届》

示坚决响应党的号召，同学们集思广益，撰写了一篇名为《坚决走革命化的道路》的稿件。我和钮平章两人骑着自行车，冒雨将誊抄好的文稿送到《大众日报》社编辑部。6月19日，稿件见报了。

让人始料未及的是，这原本只"推迟"半年的高考，竟一下推迟了十多年之久。十年时光中，在校的1966届、1967届、1968届三届高、初中学生，相继失去了上学的机会。因学业的突然中断，我们这批数量巨大的"老三届"被赶到一个始料未及的人生"拐点"上。

1968年12月，《人民日报》公开发表了毛泽东关于"知识青年到农村去，接受贫下中农的再教育，很有必要"的最高指示，"老三届"们纷纷响应号召，去到农村，去到边疆，去到祖国最需要的地方。由于在此之前，我哥哥已去甘肃支援边疆建设，按照"一家只留一个孩子在身边"的政策，我得以留在济南。

去火热军营里建功立业

作为"老三届"中届次最高、年龄最大、读书最多的"老高三"，我们经常被人们戏称为"老三届"中的"大哥大""大姐大"。1970年，我在机缘巧合下步入军营，成为同年入伍新兵中文化水平最高的一位。

在当时，我所在的是航空学校修理厂的机修连，我的具体岗位在钳工排机械设备小组，负责维护连队的车、铣、刨、磨、冲床，制作冷镦机、搓丝机、离心铸铜机等。在工作过程中，我高中学的代数、几何、三角以及物理知识有了用武之地。在电镀、热处理、电焊等工种，之前的化学知识也能用得上。我们连队是从北京南苑机场空军第一高级专科学校调防而来，配备的不少设备都是当年从苏联进口的。在维修这些设备时，我之前学的俄语、英语还多次排上了用场。

1973年度十三航校修理厂四车间受嘉奖人员，在连队宣传壁报栏前合影（程志佳 摄影）

除此之外，我利用自己的文化积淀，在连队写黑板报，办壁报栏，教歌，组织文娱演出，到农村挂钩队当文化教员，训练民兵，帮连队领导写个总结材料啥的，样样拿得起，为连队建设发挥了不小的作用。前年，一位叫张振江的战友在回忆录中称我为"兵中之师"。

重拾迟来的"大学梦"

1977年，是我在部队生涯的第8个年头。这年8月8日，邓小平同志在中共十届三中全会上，以他干净利落的四川话宣布："要下决心恢复从高中毕业生中直接招考学生，不要再搞群众推荐了！"是年冬天，停滞已十年之久的高考最终在寒冷的冬天里得以恢复。

严冬过后，春雷炸响，唤醒了一代青年已缥缈逝去的大学梦！我们"老三届"听到这个突如其来的消息，真是"忽报来期喜欲狂"。当年的

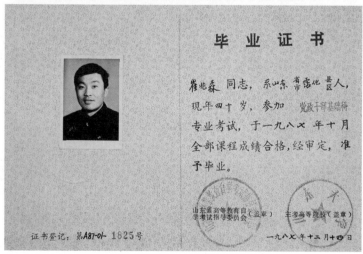

1.

2.

1 | 1969年8月，和发小、老同学钮平章留影（郝蔚 摄影）

2 | 1987年12月14日，由省高教自学考试指导委员会、山东大学颁发的《毕业证书》

考生中，有一团稚气、朝气蓬勃的应届高中生，也有饱经沧桑、神色憔悴的工人、农民、军人以及下乡知青。这些已不再年轻的"老童生"和正青春年少的高中生一起步入考场的情景，让人觉得既滑稽又辛酸，堪称五味杂陈。我的发小钮平章以济南帆布厂工人的身份参加了高考，虽历尽周折但终于迈进大学校门，一偿夙愿。从1966年到1977年，从青葱岁月等到人到中年，他整整等了11年光景。他大学毕业后，留校执教，如今已是古稀之年，仍工作在大学副校长的岗位上。闲聊时他常说起："邓小平同志当年恢复高考的决定，改变了我们一代知青的命运。"

1977年，部队整顿大刀阔斧开展起来，我的大批战友转业到地方工作，留下来的同志可谓"一个萝卜一个坑"。那时，我刚调到政治机关文化科工作不久，根本没有去报考大学的希望，错失了上大学的机会。但此时我又多了一个身份——部队业余文化教员。我利用业余时间为报考大学的战友们补习功课，数理化、作文和外语都能讲讲。现在香港中文大学教授王晓莹的英文字母、万国音标还是跟我学的呢。后来我们再见面叙旧时，王晓莹教授总是说我是她的英语启蒙老师。我觉得，虽然自己身不能走向考场，但如果能以一己之力助力他们迈向大学校门，也发自内心地感到欣慰。

再后来，我转业到了地方。内心深处那个沉寂已久的"大学梦"，终于找到了再次酝酿、萌生的现实土壤。39岁那年，我报名参加了高等教育自学考试。那时的我，工作忙，家务多，记性差。白天忙工作，晚上还要和哥哥轮班去医院照顾父亲。就在这样的情况下，我以从未有过的紧张、激动、疲惫，走进梦想了近20年的高考考场。功夫不负有心人，我前后用了一年半的时间，通过了山东省高等教育自学考试11门科目，拿到了这张迟到的毕业证书。看着红彤彤的毕业证，我觉得一生中，大概很少能有比这更让我开心的事了！

两位"70后"，毕业照里说流年

编者的话

    崔兆森珍藏着小学、初中的毕业照，也珍藏着女儿从各个学段的毕业照。老崔今年已七十有余，是一位"70后"，出生于20世纪70年代的女儿，是家里的另外一位"70后"。在这两位"70后"的毕业照背后，有着不同的时代故事，有着两代人不同的生活状况和人生际遇。

    我有一张59年前的小学毕业照。1960年7月1日那天，我们全班41名同学穿戴朴素，在济南市经六路小学的校园里照了毕业照。那年月没有"校服"这一说，有集体活动时，学校里就要求大家"穿白褂子、蓝裤子，扎红领巾"。那个时候经济条件普遍不好，总有一些同学因为不能按规定着装，而失去参加集体活动的机会。但这次毕业合影不一样，虽然一些同学没借到白褂子、蓝裤子，却可以参加照相。这张毕业照上不仅定格了我们童年时的面孔，也记录下了当年校园的古朴风貌。

1.	1｜我的小学毕业合影（我在后排左四，前排右二是班主任王俊凤老师）
2.	2｜我的母校济南市经六路小学中华人民共和国成立前建校，我1954年入学时已经是第12级（我在后排右一，照片提供者桑仲敏老师在二排右六）

济南市经六路小学第十二级一二班毕业师生合影1960.7.1.

其实，我们照完相之后，并没有第一时间看到照片。等见到这张毕业照之时，已是30多年后的事情了。1994年4月10日这一天，在小学同学聚会时，班长刘玉森不经意提及，他手中有那张小学毕业照。他说，当时老师安排他取的毕业照，照片一共有三张，学校、老师各留了一张，第三张老师给了他。

说者无心，听者有意。聚会之后，我赶紧打车找他去取照片。他家住在当时的历城县水泥厂宿舍，又偏又远。那个时候，公交车路线比较少，通讯又不方便，我费尽周折，好歹找到了他，跟他说拿照片翻拍一下。老同学递过来的照片早已泛黄，童年时那一张张稚气未脱的面庞和背景中的老校园，一下子把我拉回到五六十年前的读书时代，拉回到给我们人生启蒙的母校里，我百感交集。

回来后，我赶紧到附近的照相馆里，翻拍照片，又加洗了几十张。在后来的同学聚会中，我给他们每人一张。大家拿到照片后，个个既惊又喜。时间如流水，岁月催人老，转眼又25年过去了，照片里的有的同学离开了人世。给我这张照片的同学刘玉森也于2015年1月15日因心脏病去世。

我们的小学，中华人民共和国成立前叫济南五三小学，1945年10月之前是惠鲁工商职业学校（现山东财经大学的前身）。校园是典型的中国古典四合院，有三进院落，还有个后花园。我上学的那一年是1954年，后花园已改成了操场了。我们的学校虽然不大，却有着江南园林式建筑风格，大门楼高高耸立，门口的石狮子、回廊、额坊、雀替等一应俱全。1960年，我毕业的那一年，我们已经是该校第12届毕业生了。2016年9月18日，学校80多岁的桑仲敏和陈玉兰老师来参观我的博物馆，带来了定格学校大门、石狮子和校园的老照片，提供了回忆当年学校风貌的珍贵资料。

母校校门口成为学生时代留影的经典"背景"

　　说起来，我初中毕业照的获得，与小学毕业照的获得过程十分类似。五六十年之后，毕业照里许多同学的名字，我已记不起来了。在开了家庭博物馆之后，我心想，能不能把这些老同学的名字在照片下面补齐了。我发动老同学一起和我回忆，前前后后用了将近两年的时间，到了2015年，才把所有同学的名字都想了起来。

　　我高中毕业时是1966年，赶上了"文革"刚开始。那时学校教学秩序一片混乱，同学之间因观点不同分成好多派别，甚至成了对立面，连张毕业照也没留下。从2015年5月15日开始，我前前后后用了整整一年的时间，发动多位热心老同学，通过互联网、微信等多种手段寻找到我们班在世的49位老同学，并牵头组织了后来整个级部毕业50周年聚会。2016年5月15日聚会当天，到场100多人，有些专程从海外回来，其中年长的老师93岁，最年轻学生69岁。其间拍下这张合影，弥

在报告中，蒋宝峰用自己的	值、拓展了自己的知识领	奉献中实现自己的价值。蒋
亲身经历告诉在场的师生	域，也让自己的生活更加丰	宝峰还向学生们讲述了泉城
们，参加泉城义工让他不仅	多彩。为了让在场的学生	义工的优秀代表赵明、王智

今天下午4点，"十佳泉城义工"蒋宝峰的个人事

2007.05.15《济南时报》

如今，在市民崔兆森的家中，有幅放大成近2米长、宽1米多的老照片，说起这张照片的来历，还有一段耐人寻味的故事：

崔兆森出生于上世纪40年代。与很多同龄人相似，1963年他初中毕业时，盼着拥有一帧跟老师、同学们的合影，纪念那难忘的年华。"可因为大家都穷啊，我们济南14中初5级3班的合影，只洗了3张，学校跟老师各留下了一张，老同学中只有司彤加洗了一张。40多年过去了，我连这张照片究竟是啥样都忘了！"崔兆森说，还是今年年初一次偶然聚会中，几位相熟的老友聚在一起，无意中谈起了这段往事。

难得的是，老同学还珍藏着这张珍贵的老照片，崔兆森一听，如获至宝："我甚至想把照片冲印成真人大小一样，这样每位老同学的身影都像40多年前初见的模样，该多好啊。"但崔兆森的这个愿望，却因照片年代久远，有些地方太模糊，而不得不放弃。

几位老友就商量着设法找到当年的所有同学，来次44年后的重逢。通过多方打听与联系，39位同班同学中有20余位找到了下落。其中，很多老同学还远在异地居住。

昔日少年郎，如今已是花甲老人。岁月的流逝虽然无情，可经过光阴的打磨，却留下了一段难能可贵的真情——

那年16岁，今年60岁！

当年的翩翩少年，如今已是两鬓苍苍的老人。　记者 陈长礼 摄

5月5日，联络上老同学们，再也按耐不住激动之情，相约在母校附近的一家酒店齐聚一堂，共庆这来之不易的团聚。年过七旬的班主任聚□珍，数学老师田相盛也如约而至；而在这天准备要给父亲庆祝85岁大寿的程毅，也匆匆赶来，生怕错过这难得的一刻；远在北京的崔杰，放弃了"黄金周"旅游的机会，也从遥远的异地风尘仆仆赶来相会。

"就因为老同学们都退休了，时间上也充裕了，所以

补了没有高中毕业照的缺憾。

1988年，女儿小学毕业了，一蹦一跳、兴高采烈地拿回了她的毕业证书和毕业照片。我把我们俩的毕业照放在一起两相比较：我的毕业照是黑白的，我们那时正经历着三年困难时期，吃不饱、穿不暖，照片上同学们的精神面貌普遍呆板拘束、缺少生机。而女儿的毕业照是彩色的，他们笑容如花般绽放，他们的生活更如彩色照片般绚烂多彩。

我经常调侃，自己和女儿都是"70后"。我这七十多岁的年纪，经历了新中国由站起来、富起来到强起来的全过程，见证了新中国的成长。20世纪70年代出生的女儿，则经历了改革开放的全过程，坐享改革开放发展成果。他们这一代的学习条件和生活条件，比我们当年不知好了多少倍。岁月如梭，我们父女俩的小学毕业照依然静静地被收藏在一本厚厚的书里，像是被定格的时光，诉说着两代人不同的故事。

篦子：梳出时代的无奈与尴尬

编者的话

篦子，是用竹子制成的梳头用具。与梳子不同的是，篦子中间有梁，两侧均是细致密实的齿。在自来水管还未铺设到每家每户之时，在洗发膏、洗发水等洗发用品尚未成为生活必备品之时，篦子很好地扮演了清洁头皮、去除虱虮的重要作用。像很多旧时妇女一样，崔兆森母亲的梳妆匣里有一把"篦子"。一把"篦子"，梳出生活的窘迫和尴尬，也梳出一去不复返的时代往事。

现在，一拧开水龙头，水就哗哗地流。可是朋友们，你能想象，没有自来水的生活是什么样的吗？1958年之前的济南，人们的生活用水还非常不便利，日常吃水靠的是流动的供水车。我清楚地记得，济南经七路到岔路街这一片儿的，有个聋哑人拉着车拉着桶卖水。1958年，街上安上了三个公用水管，写着四个大字——公用水栓。于是，流动供水车变成了固定供水点，家家户户开始买扁担，买筲，忙忙碌碌地挑水吃。那个时候，我们家主要依靠我父亲、我哥哥挑水，花一分钱可以得到两个水牌，一个牌子能打一担水。哥哥挑了七年多的水，1965年他离开济南去了西北农业建设兵团，我从13岁开始挑水，最初只能挑两个半筲。

挑来的水，能满足家庭洗菜做饭的需求，却不足以满足个人卫生的需求。那个时候，人们普遍十天半月地不洗澡、不洗头。就算是洗，

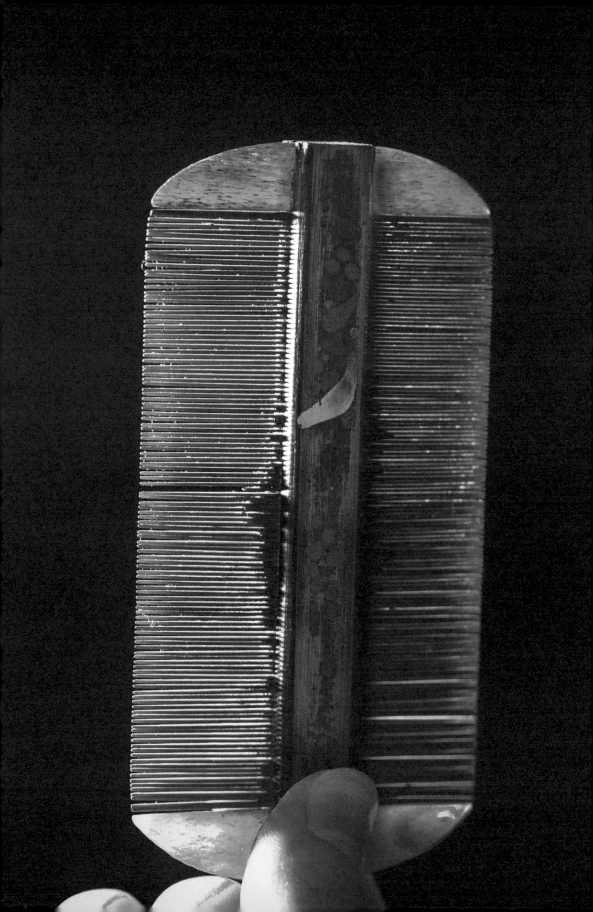

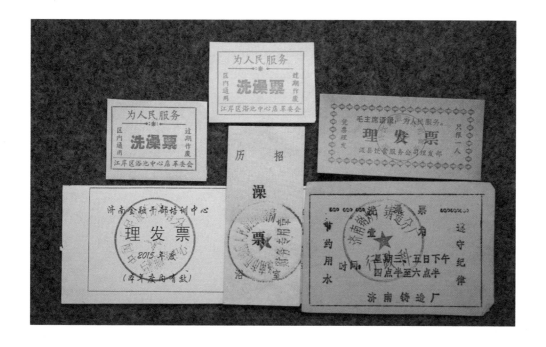

也洗不彻底。夏天最热的时候，衣服每天能溻透好几回，回到家拿一
把大壶兑好热水，把身上打上肥皂用壶那么一冲，这就算是很好的待
遇了。一年中，能彻头彻尾地全面"扫除"一次的时候也有，那是快
过年的时候。家里大人把平日里攒下的洗澡票拿出来，我们才有机会
到附近的澡堂里好好清洗一番。那时，济南有很多有名的澡堂，比如，
铭新池、浴德池、新生池等。离我家最近的澡堂是新生池，我还记得，
一毛八分钱可洗淋浴，二毛四分可以洗热水池。

　　不能经常洗澡的年代，虱虮肆意横行。那个时候，无论城市乡村，
无论男女老少，几乎没有不被虱子困扰过的。对于躲藏在被褥、衣服

1. ｜　2.

1｜工艺精美的篦子却梳出了时代的无奈和尴尬（张健 摄影）

2｜我收藏的洗澡票、理发票（杨超 摄影）

缝中的虱子，人们可以用"敌敌畏""666"等来对付；对于藏在头发中的虱子，篦子就派上了巨大用场。一篦子下来，当然能让那些隐藏在头发中的寄生虫无处遁形。记得童年时，在家里的炉火烧得通红时，我和哥哥拿着篦子在炉子旁从发间篦虱子。当虱子被甩落到炭火上，会发出啪啪的声音。我们俩高兴得咯咯笑。

特殊的时代，造就了特殊的行业。那个时候，济南有条篦子巷，里面有很多制作梳子和篦子的作坊，卖篦子、梳子、梳头油、雪花膏等。人们用篦子梳头梳虱子的同时，也开始在意仪容，梳头油、雪花膏于悄然间流行。

后来，我也离开了家，到部队当了兵。不久，父亲得了脑血栓，我妹妹年龄尚小，家里没有人能担水。虽然街坊邻居都争先恐后地帮忙，但总不是长久之计。家里人如何喝水、用水，成了缠扰大哥和我的心头大事儿。1976年，我请我所在的部队给开了一封介绍信，攥着这封信，我找到了济南市自来水公司，申请给家里铺设一条自来水管道。就这样，自来水公司同意了。1976年12月22日这一天，我们家安上了自来水管。虽然我们家有了自来水，但我母亲从来不据为己有，平日里不让家人关上大门，以备邻居们有用水需求。小商小贩走到我们家门口，也经常一脚迈进来，打开龙头喝口水。炎炎夏日里，孩子们嬉戏追逐，跑累了，跑热了，也总喜欢打开水龙头洗洗脸，冲冲脚。母亲总是站在旁边，笑意盈盈地看着，还给他们递上毛巾。

改革开放之前铺设进家门的这条自来水管道，只有进水管，没有下水道。没几年，我们加铺了下水道，母亲再不用在水管下面接个桶了。1986年，这条街家家户户都接上了自来水管子，一拧开龙头就哗哗直淌的"自来水"，让用水再也不成问题，也让没水洗澡、洗头这样的问题不再是问题。

母亲的梳妆匣里储藏着一去不复返的时光记忆（张健 摄影）

1990年，我们家装上了"万家乐"牌的燃气快速热水器。从此在家中随时洗热水澡成为现实，这是百姓"洗澡史"上"飞跃式"的变迁。

当时，我在收藏热水器的说明书上，激动地写下了"1990年8月9日"开始使用热水器，是提高生活水平、提高生活质量、提高文明程"度"的标志，那年我43岁。

随着用水便捷度的提高，虮虱不知何时已远离人们的生活，与此同时，篦子也渐渐退出了历史舞台。享受着干净、舒适、健康的生活，我真切地感受到今天的幸福生活来之不易。

袜板：功成身退的补袜"神器"

编者的话

  物质生活极为匮乏的年代，体现在衣着就是"新三年，旧三年，缝缝补补又三年"。袜子当然也在此之列，补袜子是那时家庭妇女最司空见惯的针线活。要想把袜子补好，劳动人民发明了补袜"神器"——袜板。作为家家户户的必备品，袜板发挥了不可替代的重要作用。

  我母亲的针线簸箩里除了常见的针头线脑，有一样东西很特别——袜板。现在，袜板早就退出了人们的日常生活，可在我的成长岁月里，袜板是必不可少的，不论是乡下，还是城市。

  中华人民共和国成立前，劳动人民穿的袜子都是用棉布缝制的。布袜子没有弹性，穿上走路不把上口扎紧的话，走不了多远袜子就会退到脚心，所以穿时需要用一种叫"袜卡"的东西把它们固定好。1952年以后，济南开始出现针织棉线袜子，也就是人们当时叫的"洋线袜子"。棉线袜子透气性好，舒适合脚，只可惜不耐磨，一双袜子穿不上"几水"就会破，后脚跟、大脚趾和二脚趾的部位尤其容易磨破。

  袜子破了就要补，袜板派上了大用场。它的构造像一个木制的鞋型，底板如鞋底样，前有月牙形木包头，后有半月形木高跟，前低后高，中间用一根木条相连。家人的脚大小不一，袜板也大小不一，我

我母亲的针线笸箩里，袜板是区别于针头线脑的神奇存在（郑涛 摄影）

们家里有好几个袜板，都是对门的木匠邻居给亲手做的。母亲的袜板最特别，她裹过脚又放过脚，袜板的样式是坤脚的，脚前掌那部分是尖的。

做母亲的，是一家人过日子的主心骨，还是起得最早，睡得最晚的人。打我记事起，到我当兵离开家，母亲每天伺候完一家人的吃喝后，都会盘腿坐在床上，在昏暗的灯光下做针线活，其中重要的一项就是补袜子。

母亲等我们躺下之后，就端出她的针线簸箩，准备给袜子"挂底"了。她怕影响我们睡觉，就用纸把灯罩起来，只留一丝光给自己用。母亲先把袜子套在袜板上，然后再穿针引线，查漏补缺。有了袜板架设起来的空间，母亲挥舞针线时变得更加自由舒展，袜子也补得更加平展舒适。母亲补得最多的是我们两兄弟的袜子，男孩子整天"狼窜"，有使不完的劲儿，一双袜子袜筒还没坏的，脚后跟、脚前掌这两个部分已不知道补过多少次了。袜板，见证了那个物质贫瘠的年代，也见证了天下母亲的伟大和勤劳。

改革开放的春风拂过神州大地，人们的物质生活逐渐丰富起来后，不"禁穿"的棉线袜子渐渐失去市场，那种结实耐用、弹力好的尼龙袜子开始横扫市场。1979年那年，我到上海出差，在南京路上的商店里见到市面上有卖坤脚尼龙袜子的，3元一双，我一下子买了十双带给母亲。她第一次见到这种袜子，特别高兴，但直到去世也没舍得穿几次。她去世后，我还在她的墓碑上刻下了四个字"善良俭朴"。

尼龙袜子盛行后，袜板完成了它的历史使命，淡出人们的视线。转眼又过去了四十年，放眼今天的生活，琳琅满目的袜子早已成为普通的大众消费品，补袜子的岁月和袜板也早已成了尘封的岁月记忆。

熨斗：烫出几代人的体面与讲究

编者的话

    改革开放之前，家家户户都得自己裁布、做衣服。熨斗，就成为千千万万小家庭的"标配"。改革开放春风拂过，人们的物质生活日渐富足，穿衣有了多种选择，熨斗也由以前的"制衣伴侣"转变为提升生活精致度的工具。在熨出生活的精致、考究的同时，熨斗也成为时代变迁、科技进步的有力物证。

    从20世纪50年代开始，中国老百姓进入了漫长的"票证时代"。这些票证也深深烙进了我们家三代人的记忆之中。那个时候，吃饭要粮票，穿衣要布票，买肉需要肉票……离开"票"，就寸步难行。各种票证，简直就是比金钱还金贵的"硬通货"。到了20世纪70年代，市场商品仍十分匮乏，少了各种票证，便无法吃穿，无法过日子。我女儿是1975年12月22日出生的，我们连孩子名字都没来得及细思量，就火急火燎地赶在当年12月31日给孩子报上户口。这么十万火急，是因为年底前能给孩子报上户口，就能在这年多领出一个人头的布票来。

    在计划供应的年代，裁布穿衣都得精打细算，要不就得捉襟见肘。当时，母亲不敢轻易给家里添被子、添褥子，那样的话，我们两兄弟和妹妹就有可能好几年没有新衣服穿。在那个年代，一件衣服超期"服役"是再司空见惯不过的事情，真的是"新三年，旧三年，缝缝补补又三年"。孩子多的家庭，便一直重复着"老大新，老二旧，缝缝补

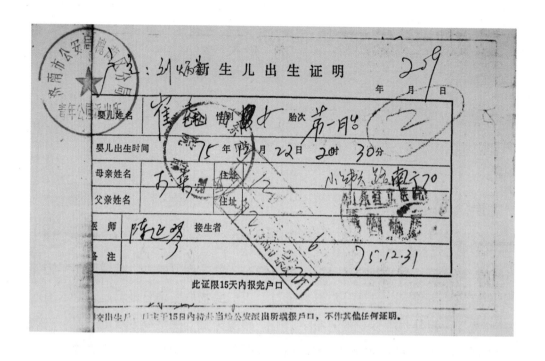

补给老三"的穿衣故事，年纪小的孩子想穿新衣服的念想几近奢望。就比如我，一连多少年总是"拾"哥哥的衣服穿。

平时里不舍得做衣服，逢年过节做了件新衣服就宝贝得不得了。艰苦的年代孕育着独特的智慧和门道。一件新衣还未上身，家庭主妇们就会先把肘关节、膝盖、屁股等易磨破的地方，用补丁保护起来。那个遥远的年代里，补丁，成为鲜明的时代烙印。20世纪60年代，我读高中，和同学几个徒步9天上北京时，我们穿的衣服多是打着三个补丁的，屁股上一个，膝盖上两个。那时，两个补丁是"标配"，三个补

1.	2.	1丨赶在1975年12月31日为女儿报户口，是为了当年能多领出一个人的布票来
		2丨我收藏的布票、军用汗衫背心票（杨超 摄影）
	3.	3丨1967年1月15日的合影，那年月我们的裤子多数都有"补丁"（黄校垣 摄影）

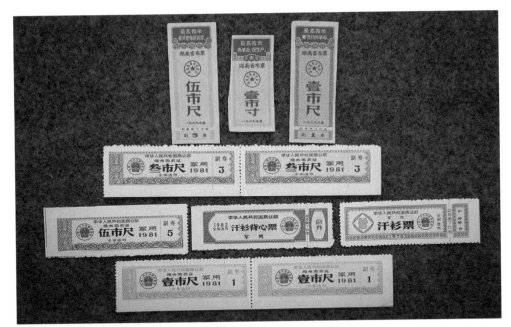

丁是时髦。

在那个补丁随处可见的年代里，一件没有打过补丁的新衣服，反倒成为一种众人关注的"另类"。我记得，上高中那会儿，一天，一个叫林建军的同学穿了一件一个补丁没有的新上衣。他临进教室时，突然站住了，脱下新衣服使劲揉搓一番，弄上几道褶子后，才大大方方地进了教室。

以补丁为荣的年代里，熨斗不可或缺。为什么这么说呢？那个时候的布本身很粗糙，在粗糙的布上再摞上一块厚厚的补丁布，再加上高高低低的针脚，不熨一下还真的没法穿上身。那个时候的人们，愿意把一件新衣服揉搓皱巴了再穿上身，却不愿意让补丁皱皱巴巴。那个时候的人们把补丁烫平后再穿上身的情形，与今天人们在西裤上反复强化那道"烫迹线"的情形，如出一辙。

除了熨补丁，熨斗更是"制衣伴侣"。那个年代没有成衣可购买，家家户户的妇女都得自己动手做衣服。我们家存的那把熨斗可有年头了，名叫"火烧芯"。使用前要先把中间一块实心铁烧热，再用火钳子把它夹到熨斗里面。加热实心铁的过程，须精准把握火候。如烧制过火，就极容易伤及衣服。我小时候看母亲熨衣时，见案子上总是有个盛着凉水的茶缸。熨之前，母亲总是要先在衣服上均匀地洒上些水。"火烧芯"落到衣服上，就与水反应，发出嗞嗞喇喇的声音。这种在那个年代再熟悉不过的声音，现在却很少能听到了。

改革开放来了，票证年代走了。从20世纪80年代起直到90年代，各种票证逐一谢幕。消费市场日渐繁荣，各种商品令人目不暇接，衣服的品种、花色、质地、款式等多到令人眼花缭乱。早些年会做衣服的家庭主妇们，也渐渐远离了坐在那里"咔嗒咔嗒"蹬缝

火烧芯熨斗，缕缕青烟中萦绕的是过往的生活印象（郑涛 摄影）

纫机的日子。不会做衣服的新一代家庭妇女，在穿戴上也没有受到任何难为。

随着科技的不断进步，现代熨斗早就不采用加热铁块的原始方法，代之以电加热、蒸汽加热。我家的老式熨斗早就退役了，取而代之的是具备自动喷水、清洗、调温、杀菌等多种功能的现代熨斗——蒸汽喷雾型电熨斗。熨斗的升级，佐证了时代的变迁。

缝纫机：飞针走线间成就盛世华服

编者的话

"太平有霓裳，盛世有华服。"服装是一种记忆，也是一幅穿在身上的历史画卷。改革开放的春风吹拂过神州大地，把灰、黑、蓝的衣着世界变得五彩斑斓。在这个过程中，每家每户的缝纫机发挥了神奇作用。一阵阵有节奏的"咔嗒咔嗒"声之后，一块块平凡布料魔术般地变成一件件盛世华服。

1975年12月22日，我女儿出生的那天晚上，在医院里待了一天的我回到家，母亲连忙凑上来问——

"男孩还是女孩？"

"今天是冬至，若是男孩，就叫'冬生'，是女孩，你们自己取名吧。"还没等到我回答，坐在旁边的父亲说。

"女孩。"我回答他们。

我说完后的那一刻，屋里鸦雀无声，我知道他们都期盼能有个孙子。

母亲生了哥哥、我和妹妹三个孩子，在这之前，我哥哥家已有了两个女孩。面对母亲的反应，在她50大寿前夕，我给她写了一封祝寿信，在恭贺寿诞的同时，我也尝试着做一做二老的思想工作——

　　至于什么孙子、孙女都是一样，关键在于将来孩子长大后成什么样子。往后在城市里，再下去几十年世界会大变样的，我就不信在农村里那种吃不上饭的男孩，在城市里那些街痞、二流子比起好端端、知书达理的好女孩来，能好到哪里去？

　　切不可受那些街民市侩的蛊惑，受其谬言之骗，因为无孙子而自寻烦恼，那是庸人自扰。有儿不管家，再多也白搭。周围那些想用这个取笑咱的，看他们有儿不孝的下场，无非是阿爹有家无法还，妈儿打架为了钱。这儿子都是这样，况孙子乎？

随着时间的流逝和亲情的相守，母亲"重男轻女"的老思想渐趋得以改变，对环绕膝下的三个孙女喜欢得不得了。我们家的三个女孩也越发出挑，个个秀丽俊俏、乖巧懂事。孩子慢慢地长大，如何穿衣，成了困扰大嫂和我对象的一件事情。适逢改革开放之初，市场上很少有成衣出售，孩子的衣服更是少得可怜。与其大费周折出去买还买不到像样的衣服，不如"自己动手，丰衣足食"。从20世纪70年代末开始，她们俩开始用缝纫机给三个孩子制作衣服，这种时光一直持续到20世纪80年代末我们分家为止。

　　脚踏和转轮震动的声音，是那个年代独有的飞针走线的声音。伴随着这样的声音，一件件色泽艳丽的女儿服从她们手下神奇地飞出。无法统计她们那些年给孩子们做了多少件衣服，只是无论春夏秋冬，寒来暑往，都有色泽艳丽的衣服穿在孩子们身上。"母亲牌"衣服用藏于一针一线之间的慈母之心，装饰和伴随了孩子们近十年的成长时光，遮风挡寒，温暖入心。

济南产的梅花牌缝纫机（王鲁意 赠送）

夏天，她们为孩子做花裙子，冬天她们为孩子做棉袄罩衣，什么季节该做什么衣服，一切都在妯娌两人的规划下，有条不紊。无论什么款式，都是一式三份。三件相同花色、相同款式的衣服，穿在三个孩子身上，快乐都是一样的。

说到改革开放前后人们的着装，无论是大人的还是小孩的，无论色彩还是样式，都是单调和沉闷的。在几亿中国人的衣柜里，蓝、灰、黑等暗色调衣服，曾经一统江山。那个时候，我的绿色军装，在各种蓝、灰、黑的映衬下，都成了一种时代亮色。

改革开放后，随着物质生活进一步丰富，老百姓被深埋的爱美之心，开始在服装上得以释放。为了找到做衣服的灵感，我对象还专门订阅了《时装》《裁剪技术》杂志。面对能及时传递穿衣打扮新潮流的时尚宝书，妯娌两人爱不释手，反复翻阅。看完之后，她们就照着杂志上面的样子，自己测量剪裁，在缝纫机上制作服装。有时候，杂志里面也夹杂着一些用牛皮纸做的衣服样子，她们就把它进行相应的扩大或者缩小之后，缝在花布上按样裁剪。她们俩创造性地为女儿们制作过蝙蝠衫、红裙子等当年的流行款式。这些款式留下了时代鲜明的印记，记录了过往的美好。

那时没有先进技术的辅助，缝纫机的操作完全靠脚踩，妯娌两人不厌其烦地用脚踩出一缕一线。每次使用完缝纫机之后，她们都是用布轻轻地擦拭干净，给部件上些润滑油，再小心翼翼地把机身放入机箱里。

她们除了给孩子做衣服，也缝制床单、被罩、椅子套。给孩子做衣服剩下的一些碎布头，她们也收集起来。对于这些五颜六色、形状各异的布头，她们会根据其色彩、形状，拼成枕套、电视机套等，拼好了还挺有艺术效果的。

到2018年，改革开放已走过40年。那台上海牌缝纫机已闲置起来了。缝纫机时代渐渐远去，"咔嗒、咔嗒"声在记忆深处渐渐止息，咱们老百姓的着装款式从单一刻板走向个性多元，颜色从暗淡沉闷走向绚烂多彩。服装的日渐生动，彰显着国人对美的需求进阶、眼界开阔，尤其是个性精神的觉醒与释放。

染衣，为生活上色

编者的话

"染衣裳"，对于现在的年轻人来说，是一件陌生的事。但对于崔兆森这一代人来说，却熟悉得不能再熟悉了。在那个物资匮乏的年代里，在一件衣服"新三年旧三年，缝缝补补又三年"的年代里，衣服之所以能反复穿着，有"缝缝补补"的功劳，将其重新染色也是延长其使用率的重要因素。

那个时候，买布要凭票购买，穿新衣无异于一种奢望。那个时候，衣服几乎都是纯棉的，洗的次数多了会变浅、变旧，扔掉吧舍不得，再穿又显得不精神。面对这种情况，劳动人民有劳动人民的智慧，自己动手把旧衣服染上新颜色，也就有了"新"衣服穿。

每年春天，母亲会把全家人的棉衣拆洗好，该补的地方用布头补好之后，就差遣我到七大马路大众洗染店去买"颜色"。20世纪五六十年代，济南到处都有洗染店，洗染店里分洗部和染部，以染为主，以洗为辅。洗衣也是洗名贵的换季衣服，能在家洗的没有人会拿去洗染店洗。条件好一点的人家会直接把要染的布送到店里，让店家帮着染色。更多的人家，是把颜料买回家，自己动手，"染旧变新"。

在去洗染店的路上，年幼的我经常一边走一边反复嘟囔着母亲让买的"颜色"，但还是有一次把"一九蓝"（长大后才知道，所谓

"一九蓝"就是德孚洋行生产的"阴丹士林蓝"的标号190的俗称）说成了"九一蓝"。除了"一九蓝"，我记着母亲让买过藏青色、古铜色、赭石色、瓦灰色。一小包"颜色"一毛来钱，能染一大锅衣服。

等吃完饭，母亲把做饭用的大铁锅刷净，把锅里添上大半锅水，就开始点火烧水。我一边使劲儿拉风箱，一边瞅着母亲如何操作。母亲不一会儿就把手指伸进锅里试试，等她感觉水热了但刚好不烫手的时候，就把"颜色"慢慢倒进锅里，随倒随搅和。等水快烧开时，母亲就把要染的衣服放到锅里。正式开始染颜色了，母亲用提前准备好的两根细长的"竹劈子"均匀而有节奏地搅动衣服，也会挑起衣服不停地上下翻动，让衣服的角角落落充分"吃"透染料，避免出现"深一块

浅一块"的情况。这个时候，母亲就不让我用力拉风箱了，衣服要上色好就得用小火慢慢煮。煮了一段时间之后，母亲感觉衣服染好了，就把它们捞起来，放在洗衣服的大盆里漂去浮色。每次染颜色过后，母亲的手总是"难逃一劫"，颜料在手上好多天都洗不掉。

1.	2.	3.

1｜精致的染料外包装（聂传声 摄影）

2｜解放初期的洋布布标

3｜济南北大槐树染料标识（聂传声 摄影）

　　那时候，母亲用来染衣染裤的"颜色"大部分都是藏蓝色。那是那个时候的全国统一色，无论大人还是小孩儿都通用的颜色，走到哪里既不生疏也不突兀。那个时候，人们染的都是棉衣或者外衣，衬衫和内衣一般不染，因为万一大汗淋漓，染料就会染到皮肤上，在身上画满"花地图"，洗都不好洗下来。

　　染好的衣服晾干后，母亲就用它们来缝制棉衣。在此之前，她会找弹棉花匠重新将老棉花套子弹一弹，再续上一些新的棉花。缝完棉衣之后，把它们整整齐齐叠好，用包袱皮包好放好，等着冬天再穿。

　　这一转眼五十年过去了，今天没有人再染布染衣了。染衣的事，成为时代留给我们这代人的一种念想。也不知从什么时候起，年轻人们竟然喜欢上了穿掉色的牛仔服。这让我们这些老朽们看得心生蹊跷，早年衣服掉色是穷和寒酸的表现，今天许多牛仔服却要故意地砂洗做旧，越掉色发白越有价值。想起那句话："不是我不明白，是外面的世界变得太快"。

1.	2.

1 | 万年青染料外包装

2 | 济南仁丰纺织染料公司产品外包装（聂传声 摄影）

从干粮筐子到饼干桶

编者的话

五六十年前，老百姓家家户户的房梁上都悬挂着那么一个干粮筐子。盛着窝头、卷子的干粮筐子，房梁上那么一挂，既防老鼠又防孩子。物资匮乏的年代，干粮筐子里的存储内容，对总也吃不饱的孩子们来说，是一种无可抵御的巨大诱惑。改革开放以后，干粮筐子淡出视线，铁皮饼干桶风靡一时。1979年，崔兆森为女儿买了一桶饼干。当看到女儿回家直奔饼干桶里找饼干吃的情景，他一下子想起了自己年幼时踩着凳子、支跷着脚从干粮筐子里摸窝头啃、掏卷子吃的情景。

六十多年前，我小的时候，家家户户都是自己蒸干粮，没有像现在这样买主食的，所以家家户户都有干粮筐子。家里的主妇们，都是用大锅蒸干粮，用两层笼扇蒸够一家人几天的口粮，有时候是圆圆的窝头，有时候是方方的卷子。她们蒸好主食后，就把它们放在干粮筐子里，在上面再罩上一个笼布，挂在屋梁上、虚棚①下垂下来的钩子上。

那个时候，济南大部分老百姓的房子没有虚棚，一抬头就能看见屋梁。不少屋梁上都有燕子窝。春天，燕子就在屋里梁上孵小燕，燕子飞来飞去，好不温馨！老百姓把屋梁上拴上一根绳，绳子末端坠上

---

① 意指顶棚。编者注。

从干粮筐子到铁皮饼干筒、大白兔糖盒，是时代的跨越，是食物的进阶（郑涛 摄影）

个钩子，就可以挂东西了，干粮筐子就挂在这样的钩子上。之所以挂得这么高，是为了防止老鼠，更是为了防止孩子"搬腾"[①]干粮。那个时候，一个成人一个月也就二十七斤至三十斤的粮食供应计划，一个月算下来，平均每天一斤粮食，窝头、卷子都得省着吃，算计着吃，算计不到就得有几天挨饿。在我们家里，母亲把干粮筐子看得很紧，不许我们轻易"染指"。

吃不饱的年代，却压不住孩子们的疯长。十来岁的年纪，饭量渐增，看见馒头、卷子就两眼放光。为了防止孩子们随手就够到干粮，母亲精准地把控着干粮筐子的高度，让孩子们光踮个脚是够不着的，必须

① 济南方言，意指随意拿。编者注。

2018年8月22日，我把"过去"讲给你们听（郑涛 摄影）

下面踩个东西才能够着。被强大的馋虫、饿意驱使着，我们即便搬不动又沉又重的方杌子，也能拖拖拉拉地把凳子拖到干粮筐子正下方。这一搬一拖之间，肯定是要闹出动静来的，母亲总能寻声而来，第一时间出现在"作案"现场，然后大声呵斥，试图将我们轰走。在我们进一步的央求甚或是乞求下，母亲也软下心来，掰下一块给我们。我们兄弟再找地方另分。哥哥尽管饿得厉害，也总是分给自己不多，多的都给了我和妹妹。如此精准、严苛地控制干粮支出数量的这种情景，放在今天物质富足的年代里，真是想象不到。

干粮筐虽悬得高，却高不过我们日渐蹿高的个头。随着年景好转、物质渐丰，大人对干粮筐子的监控也渐趋放松，对我们频繁上演的小伎俩，也是睁一只眼闭一只眼。于是，我们从干粮筐子里获得了更丰盛的吃食。每逢过年过节，我们还可以和邻家的伙伴比着谁的馒头好吃。

　　时光飞逝，我们长大成人，成家立业，结婚生子。改革开放之后，万物复苏，人们的衣食住行条件不断改善。1979年，我为女儿买了一桶饼干，饼干桶是铁质的，上面印着非常流行的"美人图"。吃完饼干后，我们又把一些小点心、小零食放进了饼干桶里。女儿幼儿园放学后，回家第一件事，就是从她的铁皮饼干桶里，掏些小零嘴吃。这个场景，让我一下子想起几十年前，我们兄弟姊妹踩着凳子从干粮筐子里够干粮吃的场景。这是何其相似又何其不同。

票证：以方寸之身，见证计划经济

编者的话

　　如果给计划经济时代寻找一个关键词的话，"票证"当之无愧。自1955年发行第一套全国粮票始，至1993年全面退市，整整39年，方寸"票证"近乎影响了百姓生活的方方面面。改革开放40年，让老百姓扔掉了各种票证，摆脱和告别了它所代表的商品短缺和物资匮乏，实现了从"解决温饱"到"基本小康"的历史性跨越。

　　"民以食为天。"在所有曾发行过的票证中，粮票是最重要的票证之一。说起粮票，我哥哥有一段苦涩得让人掉眼泪的回忆。20世纪60年代，母亲生日那天，哥哥想买几根油条回来给母亲吃。到了卖油条的地方，他得知一两粮票可以买一根油条配一碗豆浆，再买一根油条的话又得再配着买一碗豆浆。为了多买几根油回来，哥哥硬着头皮"咕咚咕咚"喝下好几碗豆浆。旁人见他只喝豆浆，不吃油条，就一脸奇怪地盯着他看。哥哥被盯得不好意思了，就抱着鼓鼓涨涨的肚子去另外一个地方继续喝……

　　我们过去经历的那种"凭票供应，有钱难买"的日子，现在的年轻人肯定是无法想象的。在我国计划经济时期，商品匮乏，物资短缺，要买东西仅有钱还不行，必须得有被称为"第二货币"的各种票证才能买到。不可否认，票证制度对保障物品供应、稳定物价等起到重要作

居民粮食供应证、购物证和中华人民共和国成立前的户口簿，这些物件"退场"，新的时代来临（郑涛 摄影）

用，也因其对生活的各种限制和安排，给人们带来诸如此类的无奈和尴尬。

票证种类五花八门、繁多芜杂，涉及生活的方方面面，几乎找不到不要凭票就能购买的东西，就连妇女的文胸、月经带都得凭票购买。那个时候，没有各种"票"寸步难行，没有粮票更是万万不行。粮票有全国粮票和地方粮票之分，要出差办事，首先得到粮店把地方粮票换成全国粮票。1987年，中国人民银行山东分行机关准备成立一个电子小乐队，我要出差去上海采购电子琴。由于来回得近一个星期，我就带着出差证明，去粮店里换了10斤全国粮票。粮店的人给了我全国粮票之后，同时从我的粮本上扣掉10斤粮食的供应计划。又

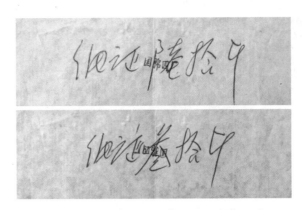

朋友陈云生、石亚伟收藏的济南国棉四厂的"细粮证明"

因为全国粮票是包含油的，我还按比例交回了一些油票。到了上海之后，去饭店吃饭不仅要付钱，还要付粮票，少了哪样都不行。同时，我还发现南方的粮票面额和咱们北方的差别很大，上海的粮票中有比半两更少的面额，咱济南最小的也是半两的，流通中还很少见。

"手中有粮心里不慌。"那个时候，被俗称为"粮本"的粮食供应证，和户口、结婚证同等重要，往往被放在家中的重要位置。申请和注销粮食本，也成为人出生和死亡时重要的申报步骤。1975年，我的孩子出生的时候，报上户口之后，第一时间去申报粮食本。1984年我母亲去世时，1986年我父亲去世时，我们这些子女都是先拿着他们的死亡证明，先去粮店里销了粮本，再拿着粮店里的证明去派出所里销户口。最后派出所才给开火化证明。民以食为天，申报和注销粮本在生老病死之时如此被重视，足以看出粮本的重要性。

虽然粮食都是凭本凭票购买，但基本能足量供应。当时被称为结婚"三大件"的手表、缝纫机、自行车，以及电视机、大衣橱等物品，却都是"有钱也不一定能买到"的东西，必须要凭票购买。那会儿，各种票会首先发到各个单位，各单位再分配到各个部门。如果部门里有要结婚的同事，那么部门就召开全体人员会议，大家举手表决。如果都同意的话，大家就会把这个票让给这位最需要的同事。如果没有要结婚的，大家就用抓阄的方式分配，比如我抓到了一台电视机，但是想要自行车，那和抓到自行车票的同事商量去吧。那个时候，自行车、缝纫机票、煤气灶票等一年能有个一两张票，像电视机、收音机这些更抢手，一年有一张就不错了。

那个时候过日子，各种家什就在等票、凑票的过程中慢慢地添置齐全，生活品质也在这种期盼和等待中得到了逐步地改善与提高。1975年，我妹妹刚参加工作时抓了一张煤气炉子票，我们家自此用上煤气炉子。1988年，我老伴好不容易得到一张21（英）寸平面直角的彩色电视机票，我们取出了所有存款还借了一些钱，才买回在当时最时兴的电视机款式。

改革开放一路走来，咱们国家历经了"计划经济为主，市场调节为辅"到"建立社会主义市场经济体制"的巨大转变，工农业生产逐步迸发出惊人活力，各类商品日益丰富。现在的物资应有尽有，就怕你想不到，不怕你买不到。我们家存留下来的那些曾经叱咤一时的票证，伴随着岁月的推进，早已安静地躺在家庭博物馆的展柜里了。

老式暖壶：四十年前的循环经济样板

编者的话

　　在时间长河里，一只暖壶也是一个充满故事的丰富载体。通过它，能窥探改革开放之初人们对循环经济的探索和实践，能看到那个年代人们对经典国货的热衷和追捧，仿佛也能隔着时空再次回味那些年冰糕的味道……

　　20世纪七八十年代，我家就开始用一种济南产的暖壶。别小瞧了这么个暖壶，它可是济南自行车链条厂、搪瓷厂和保温瓶厂三家合作生产出来的。这个暖瓶最特别的地方，在于它把生产自行车链条的下脚料进行焊接之后，又挂了一层搪瓷，制成了暖水瓶的外壳。这个过程闪烁着制造者独有的匠心和才思，是非常成功的一次废物利用。用咱们现在的话，这是"循环经济"的一次生动实践。这样的暖壶优点尽显：链条钢的独有硬度支撑起暖壶外壳的骨架，镂空的设计又减轻了暖水瓶自身的重量。因为有镂空点存在，暖壶透风透气，溢出的水就很容易四散开来，不存水。不像铁皮喷花暖壶那样，由于外壳是封闭的，溢出的水积存在暖壶内胆和铁皮外壳之间的空隙里，时间长了铁皮就被锈蚀掉了。

　　如果说这种链条钢暖水壶是因为实用性赢得了百姓厚爱的话，那么那些远道而来的上海暖壶则因上海货的品质和档次赢得了年轻人的厚爱。改革开放之初，上海是我国轻工业最发达的地方，上海生产制造的产品堪称经典国货。无论是"三转一提溜"中的手表、缝纫机、

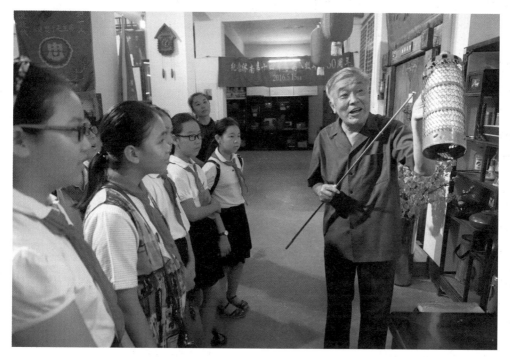

这个暖壶，是改革开放初期循环经济的生动"物证"（郑涛 摄影）

自行车和半导体收音机，还是其他日常用品，都彰显着上海货的一贯特点——品质卓越、外观时尚，符合年轻人对品质生活的设想和定位。那时候，买上海货渐渐成为时代风潮。我在蚌埠当兵时，部队服务社里每隔一段时间就供应上海产的8磅暖壶。人们当时使用的暖壶一般都是5磅的。这个8磅暖壶，市面上并不多见，花色也好，造型也好，成了抢手货。我经常买回来送人，最多的一次，我一下子买了8只。我妹妹结婚时用的暖水瓶，都是我从蚌埠捎回来的。

改革开放初期，结婚礼物无外乎脸盆、镜子、被面、枕头、暖壶这些东西。在这些礼品名单中，暖壶总是被高看一眼，上海制造的更是颇受欢迎。因为在以茶水待客的过程中，两只制作精良、造型独特的上海暖壶，总能牵引客人目光、彰显主人品位。那时，老百姓还没

这些充满时光味道的老式暖瓶，总会勾连起几十年前的回忆（郑涛 摄影）

20世纪80年代初，济南市面上的冰糕包装纸

有住进单元房，房屋也仅有外间、里间的初步划分。用来会客的外间，是老百姓最为看重的空间。他们会把最愿意让来客看到的东西摆放在这个特殊空间里。一个茶壶，几个茶杯，两把暖壶，是生活必需品，也是提升生活品位的装饰品，更是体现待客之道的重要道具。它们总也被摆放在会客空间的显要位置，一般是位于主人、客人之间的茶几或者方桌上。面对高挑、亮眼的暖瓶，人们总是轻拿轻放、小心翼翼，使用完之后，再用钩针钩织的垫子轻轻盖在上面，防止灰尘掉落。

市面上还有一种冰糕桶，有着暖壶的造型和内胆，只不过开口比暖瓶大，外壳也多是竹子的。这其实也是一种独特的保温瓶，被用来保冷而不是保暖而已。20世纪80年代初，批发冰糕时，小贩会在车把一边挂一个冰糕桶，把散发着冷气的冰糕赶紧放进里头。那个时候冰糕可是稀罕物，好一点的5分钱一根，普通的3分钱一根。孩子一看到那个提冰糕桶吆喝着卖冰糕的人，两眼都是放光的，缠着大人买。目前，这样的冰糕桶除了能在藏家手中一睹它的昔日面目之外，市面上已经找不到它的踪影了。

从火镰到打火机

编者的话

崔兆森几十年生活经历中，先后出现过火镰、火柴、打火机等点火用具。伴随点火工具的变更、升级，那些昔日熟悉的火柴厂和打火机厂，历经了从"忽如一夜春风来，千树万树梨花开"到"无可奈何花落去"的巨大逆转。

关于火种的故事，要推至远古时期。那时，人类的一位先祖叫燧人氏，他从鸟啄燧木出现火花而受到启示，就折下燧木枝，钻木取火。自此，人类学会了人工取火，用火烤制食物、照明、取暖、冶炼等，人类的生活进入了一个新的阶段。

我小的时候，人们抽烟点火最经常用到的是火镰、火棉（脱脂棉）。他们让火镰与火石反复摩擦生热，用力向下猛击火石，以产生的火花迅速点燃火棉。此时，烟民对着火棉使劲吹气，待火势渐旺后就可以用以点烟了。1958年以前，济南没有"收购废品"这个词、这个职业叫"换洋火"的。人们把家里的破铺衬、烂套子，报纸、本子，绳头子、麻包，玻璃瓶子等废品收集起来，最大的用场，就是换洋火使。

再后来，作为舶来品的"洋火"多了起来，但那并不是后来的"安全火柴"。那种火柴头是白色的，火柴盒侧面是凹凸不平的白磷颗

粒，稍有摩擦就容易酿成火灾。那个年代，运输"洋火"成了大问题。再后来，出现了用红磷制作的"安全火柴"。安全火柴的推广，大大便利了百姓的生活，做饭取暖引炉子用火柴，停电点油灯点蜡烛用火柴。烟民点烟更离不开火柴，风大的时候还用手挡着，点完以后甩两甩。就连喝酒喝到高兴时，还要用火柴棍儿摆字拆字来助兴。

在这个过程中，火柴盒上的商标贴画以其得天独厚的文化内涵和历史底蕴，成就了一种独特的火花文化。我存有宣统年间的火花，存有"文革"时期写着毛主席语录的火花，还存有1989年5月济南市人民政府财贸办公室颁发的"火柴票"（藏友石亚伟赠送）。此时已是改革开放10年有余，火柴还凭票供应，票面上印着："当月有效　过期作废"的字样。

　　方寸之间，别有天地。火柴盒镌刻了时代的印痕。中国封建王朝的最后时刻——清朝宣统年间，一家叫作"怡和洋行"将"天下太平"四个饱含深意的汉字印在了方寸之间的火柴盒之上。"我们应该谦虚、谨慎、戒骄、戒躁，全心全意地为人民服务""世界是我们的，也是你们的，但归根结底是你们的""共产党员的先锋作用和模范作用是十分重要的"……诸如此类，影响几代人的毛主席语录，在红宝书流行的年代，被一箴箴地印在小小的火柴盒上，成为那个年代的极具标识意味的小物件。

1.	2.

1｜火光乍现时，往事一并燃起（郑涛 摄影）

2｜方寸之间，别有天地。印在火柴盒上的图案，也是印在时光里的记忆（郑涛 摄影）

晚清时期的"火花"和1989年5月的
火柴票（石亚伟 摄影）

在票证年代里，生活用品一律凭票购买。购买火柴，也当然在此之列。每户一个月两盒，一盒火柴便宜的时候5分钱，贵的时候1毛钱基本够用。改革开放以来，那些当年肩负着"振兴国货、挽回利权、实业救国"神圣使命的中国火柴厂奋发图强，改写了中国人依赖"洋火"的历史。随着国家逐步放开日用消费品的物价，它们更是纷纷迎来了鼎盛发展时期。后来，票证取消了，火柴也渐趋隐退。时光流淌到现在，想找盒火柴都难了，打火机却风生水起。如果问怎么取火最方便，那一定是打火机，"啪"的一下就有火焰出来了。点火的故事，随着时代车轮的滚滚向前，不断被改写和更新。

说过打火机的风行，这和温商的崛起有着密切的关系。20世纪80年代中期，在日本制造的数百元一只的高级防风打火机作为奢侈品进入中国市场并备受青睐。敢闯敢试、敢为人先，具有强烈的创新意识的温州人看到了巨大的商机，他们对其拆装研究并批量生产。仅用了十余年时间，温州打火机就以价廉物美、品种繁多的优势，打破了日本、韩国、欧洲国家垄断世界打火机市场的局面。

让人堪忧的是，现如今，这个由近30个零件组成的打火机，已经从最红火、最风光的行业，跌到最夕阳、最挣扎的行业了。造成这一局面的，不仅是国际市场经济环境的变动，打火机行业低技术、高同质化的现状也是制约其发展的一个因素。如何破局当今局面，应当引发这些企业的冷静思索。

锔子瓷器：让生活"重修旧好"

编者的话

　　勤俭持家、厉行节约，从来就是中华民族的传统美德。在物资匮乏的年代里，人们省吃俭用，家什只要能用，就一直用着。在崔兆森家庭博物馆收藏的近一万五千件藏品中，有好多都是过去用了几十年也舍不得扔掉的老家什儿。一些锅碗瓢盆上，一排排"锔子"格外明显。"锔子"作为连合破裂的器物，实际上就是用铜或铁打成的扁平的两脚钉。这种神奇的存在，在过去相当漫长的历史时空里，在百姓的居家生活中，曾发挥了不可替代的功能和作用，同时也闪烁着中国人克勤克俭的智慧和风尚。

　　"没有金刚钻，别揽瓷器活。"我们都听过这样一句俗语，但未必知道，这里面所说的"瓷器活儿"，是由走街串巷、身怀绝技的锔匠完成的。现在的年轻人可能很难相信，这些手艺人仅靠金属钉和金刚钻等几样简单工具，不需要任何黏合剂，就能将四分五裂的瓷器严丝合缝地修补好。

　　"锔盆，锔碗，锔大缸，锔坏了旧缸赔新缸。"在老济南街头，锔匠这一嗓子喊出来，差不多整条街都能听得到。除了他吆喝声里广而告之的那些"项目"，他的业务范围远不止于此，锔瓷、锔盆、锔茶壶、锔罐子等都不在话下，样样拿得起。

　　我们小的时候，买个盘子、买个碗，可是家里的大事儿，所以，几个孩子在一起淘气不小心把盘子、碗摔了，也算是"摊上事儿"了，后果很严重——下顿饭别吃了！"不让吃饭"——这可不是用来警示过失、惩戒鲁莽的严厉说辞，是因为家里真的没有多余的碗了。买盘子、买碗这样的大事儿，只有等逢年过节时才会操办，就像我们小时候想穿件新衣服，也只能等到过年一样。那个时候，物质严重匮乏，吃饭用的碗、盘多是些粗老笨重、质地粗糙的陶瓷产品。即便如此，每家每户都对它们珍贵得要命，要是一不小心摔了，只要碎片能对上碴儿，能锔好就接着用。

1. | 2.

1 | 用了几十年的茶壶囤子一直在"服役"，通联起旧时岁月（张健 摄影）

2 | 饭碗上的锔子闪烁着国人克勤克俭的智慧和风尚（张健 摄影）

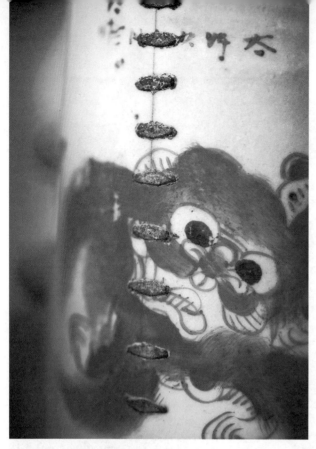

笔筒上的锔子（张健 摄影）

　　听着锔匠的吆喝声，母亲拾掇拾掇平时收在角落里的破碎家什就出来了。我们家用得最多的是铁锔子，最便宜的那种，一个两分钱。锔碗的费用是按照锔子的数量来收费的，锔好一个碗的花费远低于买一个碗的花费，所以那个时候的锔活儿生意很好，锔匠经常在一条街上一忙活就是半天。

　　现在，时代变了，生活条件也好了，生活中用的瓷器坏了就扔，再买新的，一般不会去锔补修复。在这个过程中，锔瓷活计没落了，那些喊着"锔盆，锔碗，锔大缸"的老手艺人也渐渐走出了人们的视线。以前这手艺能养家糊口，会的人也多；现在这手艺没人学，也少有人会。但是锔瓷手艺并不是消失了，而是转向了一些纪念性瓷器的修复。那个时候，一个锔子的价钱，甚至比器物本身还贵。

从坛子到冰箱：变的是方式，不变的是亲情

编者的话

改革开放之前，崔兆森家里有一只坛子，充当了几十年冰箱的角色，呵护了病中的母亲；改革开放之初，崔家用上了真正的冰箱。不同的时空，不同的"冰箱"中，却有相同的默默真情在传递、流淌。

1962年，母亲患了癌症，随后进行了手术。手术后，为了医治大便干燥，医生嘱咐我们子女：每天早晨给母亲冲个鸡蛋，再滴上几滴香油，有助于润肠通便。

那个时候，市面上到处买不到新鲜鸡蛋，商业副食部门供应的都是"石灰水鸡蛋"。什么是"石灰水鸡蛋"呢？先往生石灰里兑上水，石灰与水会发生反应生成碳酸钙。碳酸钙不溶于水，就附着在鸡蛋表面形成一种保护膜。这种保护膜堵住了鸡蛋的气孔，减少了营养物质的损失，也有效阻隔了细菌的生成。就算是炎热的夏天，鸡蛋也不会被苍蝇盯上了。这样一来，鸡蛋就能存储较长时间。

那个时候，就算是这种存储了很长时间的"石灰水鸡蛋"，也得拿着鸡蛋票才可能买到。通过这一点，我们就可以窥见那个年代物资匮乏的程度了。打开一个"石灰水鸡蛋"就会发现，里面那层皮都贴到鸡蛋壳上去了，鸡蛋黄也散了。

从1962年开始，我们家在院子里养了一只小母鸡。几个月后，母鸡长大了，一天能下一个蛋。这个产量保证了母亲每天都能喝到新鲜的冲鸡蛋。妹妹年龄还小，也跟着母亲沾光，早晨起来也有了鸡蛋花喝。那时候城市是不准养鸡的，但是母亲因为养病之需，加之母亲人缘好，街道上都是睁一只眼闭一只眼。

后来，鸡蛋"产量"变大了，为了存储新鲜鸡蛋，母亲把鸡蛋放在家中的青花瓷坛子里。放鸡蛋之后，母亲会把里面覆盖上一层薄薄的小米，没有小米就到对门木匠铺里撮一簸箕锯末、刨花回来盖在鸡蛋上面，用以防苍蝇叮和保鲜。

也不知道是不是每天吃到新鲜鸡蛋的缘故，母亲病情逐渐稳定、好转。手术后，她又陪伴了我们22年的光阴，看着我们都长大成人后才撒手西去。母亲走后，我们家还一直用着这个坛子，冬天腌咸菜，夏天放鸡蛋，一直舍不得扔。看到它，就仿佛看到了母亲每天从里面拿鸡蛋的往日情景。

直到1986年10月9日，我们家买了第一台冰箱，坛子才失去功用，被闲置在角落里。我在同龄人中，算是买冰箱比较早的。1985年，我从部队转业到山东省人民银行之后得知，琴岛利勃海尔冰箱在生产过程中，必须用银焊片焊接位于压缩机下面的那根铜管。每过一段时间，琴岛利勃海尔冰箱厂就会出车到省人民银行来集中采购一次银焊片。他们每次来都顺道拉来一车冰箱，总是被一抢而空。

我的那个冰箱，当时花了近千元买的。这个数字，在20世纪80年代也是笔数目不小。投入这么一笔钱添置新设备，一方面源于对品质生活的追求，一方面源于对海尔品质的认可。后来，海尔先后拿到中国冰箱行业的第一枚质量金牌、全国十大驰名商标、冰箱行业第一个

青花坛子和琴岛利勃海尔冰箱，不同年代的"冰箱"，贮藏着相同的真情与呵护（郑涛 摄影）

中国名牌。

有了冰箱，食物保鲜、存储，就再也不是问题了。在这个冰箱"服役"了20年之后，2005年，我们家换上了双开门冰箱。冰箱的容积越来越大，存储的空间也越来越大，本是件好事，却引发了我们两代人之间关于"该不该吃剩菜"的讨论。我的女儿认为，剩菜里含有大量对人体有害的亚硝酸盐，一口剩的都不能吃。我和老伴儿却认为，祖祖辈辈都是吃剩饭过来了，也没有什么不合适的地方。后来，女儿见到剩菜就偷偷倒掉，再悄悄给我们添上新鲜的蔬菜瓜果。

办家庭博物馆的时候，我把坛子和冰箱都搬了过去，本来属于不同年代里的家什，如今置于同一个空间里，有了一种时空交错的感觉。虽然它们所处的时代不同，却扮演过相似的角色，并且由它们来传递的亲情和关爱，也是一脉相承，贯穿始终的。

工资档案，让时代发展"跃然纸上"

编者的话

　　自1970年以来，崔兆森把所有的工资条都收集归档，有的是手写的，有的是机打的。翻看这些工资档案，能触摸到家庭和时代的变迁。那些不断变化的数字，堪称近五十年的"大数据"，见证了中国千万普通家庭从温饱到小康的历史性跨越。

　　1971年，我入伍了。第一年，我每个月的津贴是6元钱，次年成了7元，1973年8元，1974年10元。这年8月，我提干了，工资一下子涨到52元。1979年12月14日，我被定为正连职22级，工资又涨了8元钱，成了60元。1983年12月31日，我晋升为副营职21级，工资及其他待遇收入近百元，从1984年5月31日开始，我的工资又增加7元，每月固定收入达到108元。

　　想当初，1965年时，父亲一个月工资57元。那个时候，我家五口人的生计全靠父亲一个人，他一个人挣钱我们五个人花，处处需要精打细算。1979年时，我们一家已是十口人，此时全家有六个人挣钱，父亲每月工资60多元，我月收入60元，直追父亲，哥哥、嫂子、妹妹以及我爱人，他们四个每人的月工资都是40元左右。这样算下来，一家人一个月的收入能有380多元，人均30多元。这个人均收入水平，在当时算是比较好的了。

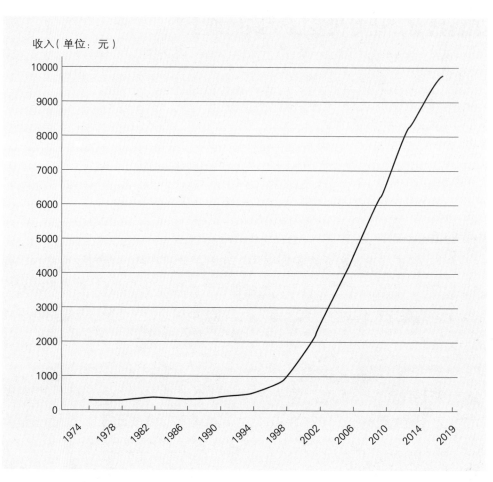

收入（单位：元）

我的工资月收入粗略曲线图

　　1985年，我转业了，被分配到山东省人民银行。由于营职之下不安排职务，我从科员干起。1985年4月5日这一天，我从地方上第一次领了77元工资。这个收入水平虽然比在部队时，每月下降了30元钱，如若再加上17元的奖金，也仅仅减少了15元左右。从1990年1月起，全国行政单位干部普调一级工资，我的工资收入也水涨船高，由89元涨到97元。

　　改革开放之初，我们家里前后还有过两次赤字：一次是1982年。

那一年由于父亲手术、岳父去世，家庭经济状况拮据，11月份出现赤字，我将全部工资用于还债还不够，无奈之下还将女儿毛毛那年的独生子女保健费取出应急。再一次赤字是1988年。这一年，老伴儿好不容易得到一张21（英）寸平面直角的彩色电视机票。害怕错过这个机会，我们把所有的存款取出后，又借了襟弟张春生的一些钱，于1988年最后一天交上了4020元电视机款，买回了那台大彩电。

1994年时，我已是高级政工师职称。这一年12月底省人民银行公布，为高级政工师每月提工资90元。这个月我总共领到了近800元工资。较之1990年，短短四年时间里，我的工资一下子涨了10倍。四年前，800元可是不敢想象的天文数字。在当时的日志里，我写下了一行字：争取要努力工作，做到不愧对这份工作和工资。

一个时代的工资列项，有一个时代的独特印痕。1985年我记下的工资档案里，除了"基本工资"一项，还有副食补贴、粮食补贴、肉食补贴、卫生洗理费等充满时代特色的项目。那一年，除了入项，我还在最下面列出了支出项："交党费0.4元，交会费0.31元，共计0.71元，余97.25元全部交父亲当大家庭的伙食费。"从工资分配去向上可以看到，改革开放之初，吃饭问题是每家每户的头等大事。在我们十口人的大家庭中，男的收入全部用来养家糊口，也就是说吃饭的支出占全家收入的比例相当高，我和哥哥当时一发了工资，就随即交给父亲（此时母亲已去世）当伙食费了。

1987年到1991年的四年间，在干好银行本职工作之外，我有了"第二职业"，受邀分别在齐光夜校、工人俱乐部成人高考辅导班等地方，教授相关中专语文、成人高考语文等课程。1991年底时，我对那一年的年度收入进行了小结："年度工资1969.75元。另外，齐光夜校讲课费1825.75元，电气学习班发1937.75元，银行学校讲座2019.75

在部队期间所获的奖状、证书和最后一套军装（郑涛 摄影）

1984年12月20日，转业军人证明书

元，在经二纬三路工人俱乐部教课，收入2113.75元。"

这些"客串"教师的经历，在丰富家庭收入的同时，一定程度上也圆了我的教师梦、大学梦。虽然自己没能上大学，如果能以自己的付出助高考生一臂之力的话，在我看来也是一种由衷的欣慰和满足。

从1994年我的工资涨到800元开始，这些年来，工资一直"高歌猛进"、势不可挡。2019年，正逢中华人民共和国成立70周年，我一个月的退休工资已超9000元，较之1979年改开放之初月工资60元相比，涨了将近150倍！这真真切切的"大数据"的背后，是握在手里的"真金白银"，是生活水平的飞跃和提升。面对这些，我感恩自己生活的这个新时代，我感恩脚下这片生我养我的热土！

年度	月工资额（元）	崔兆森日志工资记录
1974	52	1974年9月28日工资单：23级52元
1975—1979	52	5年工资多是23级52元；1979年12月14日，晋升正连职22级60元
1980	80	1980年3月为正连22级80元
1983	86	1983年7月工资为86元
1984	86	1983年12月晋升21级副营86元
1985	86	1985年转业前副营级86元
1986	60.5	1986年专业地方不安排职务，按科员降为60.5元，半年后提为副科级
1987	82	1987年82元
1988	89	1988年提为正科级，普调为89元
1990	105	1990年105元
1992	128	1992年晋升为副处级
1993	128	1993年128元
1994	392	1994年3月392元，6月定为4级行员700元，12月获高级政工师职称800元
1996	982	1996年5月4级行员4档982元
2000	2114	2000年提前退休工资2114元
2001	2580	2001年3月5日领到这个月的工资，每月退休工资为2580元，退休和在职差679元
2003	3645.5	2003年1月1日工资条3645.5元
2004	3946.2	2004年1月1日工资条3946.2元
2005	4361.9	2005年1月1日应发工资4361.9元

年度	月工资额（元）	崔兆森日志工资记录
2006	4361.9	2006年1月1日应发工资4361.9元
2007	6052.45	2007年5月1日应发工资6052.45元
2008	5849.95	2008年8月1日降到5849.95元
2013	7250.6	2013年8月8日退休工资7250.6元
2015	8400	2015年12月29日涨到8400元
2018	9016.85	2018年6月30日应发工资9016.85元
2019	9517.75	2019年1月应发工资9517.75元
		9517.75/52≈183倍

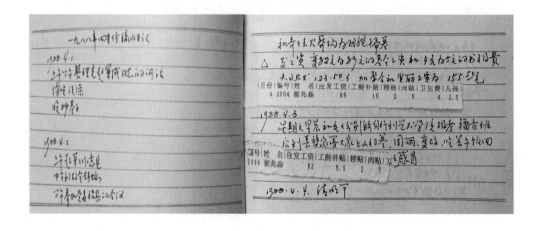

	2.	1	1988年工资条（谭天 摄影）
1.	3.	2	1998年工资条（谭天 摄影）
		3	2019年工资条（谭天 摄影）

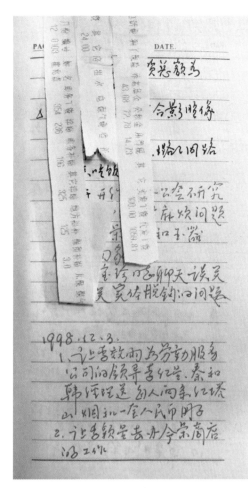

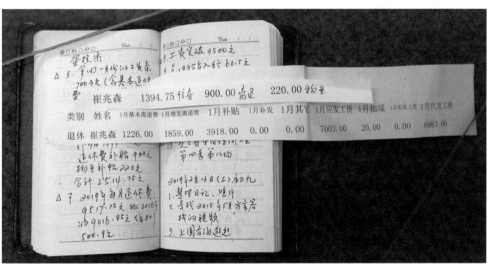

从废墟里打捞老街记忆

编者的话

    在崔兆森工作室外墙上，有一块有故事的老石碑。厚重的石碑背后，有热火朝天的劳动场景，也有烟尘弥漫的废墟时刻；有恬淡安然的静好岁月，也有轰然倒地的无可奈何。

    "一道闪电，一声巨雷，狂风裹着暴雨，瓢泼似的倾降了下来。我坐在二楼的窗旁，望着从天上降下来的巨龙似的洪流。街上没有行人，只有人民警察小刘叔叔走街串巷马不停蹄地跑着，从帽子到鞋子全湿了……"

    这是我1962年写的一篇题为《七月十三日的急雨中》的作文片段。我在作文里描述为"从天上降下来的巨龙似的洪流"的这场"急雨"，后来被官方气象部门定义为一场特大暴雨。这场特大暴雨狂泄了6个多小时，山东省水利厅观测点的降雨量达到了320毫米，山东省气象台无影山观测点的降雨量是298.4毫米。当时，济南市护城河、工商河、小清河到处河水漫溢，街上的巨大水流冲翻了两辆公交大客篷，并将趵突泉的锦鲤冲到了马路上。

    大雨过后，我们当时生活的岔路街、小纬六路南街这一带房倒屋塌，一片狼藉。那时房屋的结构与现在不一样，大多是麦穰加黄泥的

1962年7月13日，崔兆森小学作文里记录了一场特大暴雨，图中的饭盒为他在雨中为母亲送饭所用

土坯房，条件好的人家会再用石灰或水泥在最外面一层勾勾缝，加固一下。这样结构的房屋，是顶不住那样的大雨的。

灾情发生后，政府拿出人力物力来修复房屋和马路。附近街道的居民也自发地义务劳动。那段时间我每天放学回到家后，拿上铁锨就去街上劳动，干到天快擦黑，听见有人吆喝"今天散了吧"，才回家吃饭。

历时近四年，1966年，修复工程已近尾声时，岔路街街道办事处找人刻了一块青石碑，上书十六个大字："突出政治，群策群力，人变精神，街换新装"，并将石碑镶嵌到济南市经八路小学的外墙上。

就这样，那块十六字碑在墙上待了整整四十个春秋，一天不多，一天不少。2002年7月13日，这天下午四点多，我骑着自行车从经八路小学附近路过，看见小学外墙全部被推到了，下了车子一问得知，这里要对校舍进行改造升级。看着高耸的建筑垃圾山，脑子里突然冒

出了那块石碑，紧走了两步，在一堆建筑垃圾中，我竟然看到了那块纪念碑的一角。

我赶紧搬去掩盖了石碑面目的几块建筑垃圾，轻轻拂去上面的粉灰，那十六个字又赫然出现在眼前了。看到它，我仿佛一下子又回到当年街上火热的劳动场景中。1996年，那块石碑立起来的第三十个年头，我又重迁回到岔路街小区居住，还专门到小学外面查看那块石碑。当时，我觉得它是这条街上的人文印记和历史见证，就为它拍下了一张彩色照片留念。没想到，那张已有些褪色的老照片竟成了绝版。

我站在那里发愣，没觉察到两位农民工已走到我身边。他们弯下腰使劲地抬了一下那块石碑，石碑纹丝未动。他们其中的一位随即说，这个太沉了，你去拿个大锤来，咱们把它敲碎了。

1.	2.
	3.

1 | 我收藏的1966年5月1日岔路街办事处刻立的石碑（杨超 摄影）

2 | 1997年11月22日我路过济南市经八路小学时抓拍下了墙上的石碑

3 | 1997年11月22日那时的岔路街街景

见此情形，我赶紧凑上前去。

"两位老师，手下留情。能把这个石碑卖给我吗？"我连忙问。

"这个东西'死'沉，你要它干啥？"他们不解。

"我在这条街上住了快50年了，想留下一个念想。"我告诉他们。

"这样啊，你给多少钱？"其中一人问我。

"你要多少钱？"我反问他们。

"100块吧。"其中一位想了一下说。

我没敢还价，从兜里掏出钱递给了他们，"我再给两位买条烟，再麻烦你们用小车把它推到我家里去，也不远"。

就这样，我幸运地从一堆建筑垃圾中寻回一段老街记忆。这块青石碑长75厘米，高45厘米，厚25厘米。后来我办家庭博物馆的时候，也仿照当年那样，把它镶到了墙上的显著位置。一年到头，来我这里参观的人络绎不绝，我总是不厌其烦地给他们讲石碑背后的故事。

鼓呼之间，留住老城的传奇往事

编者的话

　　从1979年11月23日参观岳飞墓开始，崔兆森近40年来一共走访了350多家全国重点文物保护单位。从那时起，他对城市里或许不为人珍视的文化遗产多了几份思索和敬重。旧城改造和城市升级的亲身经历，更是让年已古稀的他仍不遗余力地为城市文化遗产保护奔走呼号。

　　老街是城市的精髓，也是城市的底蕴。从1956年，我们一家就搬到了位于济南小纬六路南街60号的宅院内，当年的门牌是70号。20世纪90年代，伴随旧城改造的步伐，小纬六路南街按下了全面提档升级的快进键。从1956年搬来到1994年要搬离，我们全家在此已经度过了近40个春夏秋冬。面对城市的大动作，我们全家以及那些多年相处的老邻居、老街坊的心情都很复杂，既喜悦又伤感，既期待又难舍。我们知道，老街、老宅改造之后，等待我们的必定是更便捷的道路规划和更高大的现代社区。但这里毕竟是我们生活了几十年的地方，一砖一瓦都印有我们共同的回忆，我们难免不舍和眷恋。

　　那条仅有502米长，被岁月斑驳的老街，承载了我们几代人的童年欢乐、青春记忆。1930年前，街北头原来是一个土岗子，后由"济丰""裕顺""义和城"三家窑厂集资将土岗开为道路，1941年窑厂停业陆续迁来住户形成居民区，因位于商埠区南界经七路之南故称小纬六

路南街。拆迁的那段日子里，我尽管心里早已有了准备，但是真正面对这一幕时，心中仍充满了眷恋和不舍。我的工作单位与老宅院距离不远，下班之后，我时常迎着夕阳，骑着自行车，再去看一看那些日渐变为断壁残垣的老街。看着那些从混凝土中裸露出的钢筋似一条条被折断的血管那般狰狞扭曲，看着昔日记忆之地被抽离、被拆散得支离破碎，我心里有说不出来的滋味。1994年3月23日，当我再次骑自行车去老宅废墟旁时，竟然意外捡到了我家"小纬六路南街60号"的门牌号和街牌。

　　小纬六路南街的消逝，带走了一段历史载体，一个记忆场所。它那走进岁月深处的背影，随着我们年龄的增长，越来越令我们留恋，也越来越令我们魂牵梦萦。老街正在逝去，老街的文化却不应该走远。巧的是1996年12月2日，我又搬回原来小纬六路南街的单位宿舍，再

次有机会重续老街情缘。若干年后的归来，助推我踏上了对老街老巷、老城老物的关注和研究之路。

　　过去，济南城里有"九街十八巷七十二胡同"，我认为"里"是由古代的"里坊制"和方言里的"胡同""里弄"演变而来，济南人俗称"里份"。让人感到十分惋惜的是，随着老城区改造的加速推进，"里份"竟全然消失了，连地名志上都没有记录。我所生活的春元里小区也只是留下一个名字而已，其他的只存在于老一辈人的记忆中。

1.	2.

1｜已经消失的小纬六路南街，街牌成为回忆的依托（郑涛 摄影）

2｜春元里小区标识

在我看来，这些老里份名称是先辈们遗留下来的文化遗产，是济南老城宝贵的财富。2008年，我开始走访一些在里份里生活过的人，试图打捞即将逝去的记忆。由于一个里份大概只有五六个院，我费尽周折，辗转找到十几户人家，跟他们求证昔日里份的名称等情况，问到一个就抓紧记下来，然后再找其他人核实、比对。最后，我终于打听全了春元里小区附近13个里份名称：经六路纬五路的三个里份由北向南是福德里、笃德里、积德里，经七路纬五路路口由东向西的里份有三思里、振兴园、进德里、泰合里、纯德里、群贤里，经六路小纬六路路口向东是历然里、蕴德里、晋阳里、春元里。这些里份的名字都非常有文化味儿，富含美好祥瑞的寓意。

一座没有老建筑的城市是没有记忆的，那些穿越历史的老建筑就是城市最好的回忆。从21世纪之初开始，我为保护老济南的老街老巷老建筑等文化遗产，频繁面见媒体，四处奔走呼号。在济南市政府门前的经二路上，东西几百米内有一批20世纪三四十年代的欧式建筑物，体现着济南商埠的历史发展变化和济南建筑错落有致的风格。2002年，市政府对门的三座洋楼（其中有王耀武的官邸）贴出了拆迁公告，告知将进行相关的商业地产开发项目。我看到很着急，就第一时间给市长写了信，要求保留建筑，修旧如旧。2002年，我又给市长、市文物局写信，呼吁在南新街58号将老舍故居建成济南老舍故居纪念馆，从事非营利性社会服务活动。我的意见得到了老舍儿子舒乙先生的认可。我觉得这是对这位视济南为第二故乡的"人民艺术家"的最好交代。

2017年，槐荫区经三路纬七路拆违拆临时，拆出了一座奇特的建筑物。它大约3米乘3米见方，高七八米，你说它像炮楼子，可是没枪眼儿；你说它能住人，连个窗户都没有。其实，它是民国初年最原始的配电室，我们管它叫"电楼子"！我查阅资料得知，这座"电楼子"

2002年8月19日，和谢德恒拜会中国现代文学馆馆长舒乙先生（中）（李颖星 摄影）

始建于1908年，到现在已有110年的历史。这样的"电楼子"济南仅存8个。从2002年开始，我就四处奔走呼吁。2017年，在多方努力下，这些仅存的"电楼子"以"济南商埠区变电室建筑群"的名义被列入了济南市第四批文物保护单位名录。经过十多年奔走和努力，终于看到这些"电楼子"挂上了文物保护单位的标识，我从心底里感到欣慰。

在济南市经七路小纬六路和纬五路之间有一条长约150米的无名街道，这条街是20世纪90年代中叶岔路街片区旧城改造时形成的。1995年，在这条街的西段北侧，原人民银行济南市行宿舍楼在此施工。其中一号宿舍楼一共是五个单元，第三单元和第四单元之间，当年建筑工人挖出了一个方形、石砌的古墓，里边有一个断了两截的碑形墓志。那年，

我在原人民银行山东省分行办公室分管行政工作，遇到这个情况后，我立即建议施工方停工，请文物部门来考察。考古学家对墓志进行仔细解读后发现，这是秦琼父亲秦爱的墓，还获得了"秦琼生在怀智里，父亲也葬在怀智里"等有重要史料价值的信息。从2017年8月开始，我先后多次借助媒体呼吁将这条无名街道命名为"怀智里"并建议在墓志铭发现处设立街牌和相关文字标识，打造成一条特色旅游景观街道。在我看来，此座墓碑的发掘，为济南城市发展、历史文化名城建设增添了新的丰富内涵，说明了1500年前济南就有了"里坊制"的城乡规划、管理办法。与此同时，它还为济南商埠"里份"形成找到了一个取名的例证。

在我看来，将来这里必因秦琼故里"怀智里"的人文历史而兴旺，原小纬六路南街137号人民银行宿舍大院一号楼的东头过道还发现过历史上迄今唯一的王室墓葬。

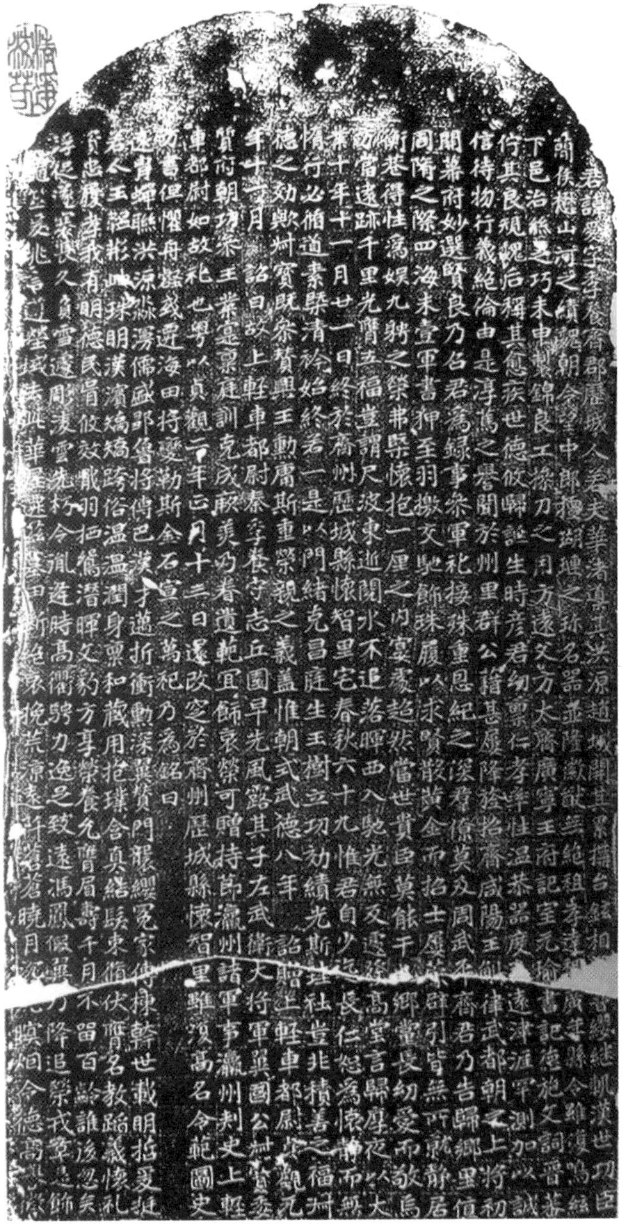

1 | 我家小纬六路南街旧居门牌（郑涛 摄影）

2 | 秦琼父亲秦爱墓志铭牌

2018年10月2日，我委托周雪亮先生翻译的《秦爱墓志铭》节选

在济南市经五路小纬五路交会处的济南宾馆院内，有一栋并不起眼的四层楼房，曾是私立黎明中学和公立济南第六中学所在地。别看它现在不起眼，在1953年之前，它曾经是济南最高的建筑。根据资料记载，这里曾是济南第六中学的前身。1951年，人民政府将"私立黎明中学"改为"公立济南第六中学"。尔后，该校又迁往泰安，改为"泰安中学"至今。我和当时的济南第六中学颇有渊源。1958年我曾作为学校文艺骨干，参加了济南市在六中组织的夏令营。我学的是山东快书，现在大家熟知的相声名家张存珠学的是相声。我们俩还曾同台表演过。至今，我还记得当时搞篝火晚会上台演出的场景。后来，我在媒体上也不止一次呼吁，把这座曾经的"济南第一高"保留下来。

这些年，洗澡那些事儿

编者的话

从几十年前站在大瓦盆旁边往身上撩水洗，到现在站在宽大明亮的浴室里"随心所浴"，洗澡方式的变迁、环境的改善，折射了我们生活品质的提升与飞跃。这也是改革发展带来的最"切肤"的惠民红利。

我们家有个破旧的大瓦盆，可别小瞧了它，那可是20世纪五六十年代我们一家人的"浴缸"。说它是"浴缸"，其实也不准确。因为它的材质是陶的，盛水没问题，但承载不了一个人的重量，所以洗澡时人只能站在它旁边，往身上撩水。

想洗澡，最重要的准备工作就是晒水。夏天，早上把水晒上，傍晚就可以直接洗了，温度适宜得很。到了酷夏时节，还得往里掺点凉水。那个时候，没有专门的浴室，男的穿着个裤头就直接在院子里洗，女的就把盆子抬到屋里，放下帘子洗。到了冬天，想洗个澡可不是一件轻而易举的事。既要把煤球炉搬到房间提升室内温度，又得烧好热水等着随时往盆里添。即便如此，整个洗澡过程也是哆哆嗦嗦地时蹲时站，找不到一个既温暖又舒服的舒展姿势。

再后来，洗澡之前，还会在盆子上方支起一个浴罩。用现在年轻人的话，那可是那个年代的"取暖神器"，垂下来的塑料薄膜可以把盆子里热水所产生的水蒸气罩住，在一定程度上起到了锁水锁热功效。

在屋里没有卫生间、没有浴室、没有下水道的年月里，洗一次澡弄得到处是水，潮乎乎的砖地需要很长时间才能干。20世纪70年代初，济南开始流行打水泥地。谁家孩子要结婚了，弄两袋子水泥、一袋子沙，打个水泥地面，成了跟备齐"三转一提溜"一样重要的大事。1975年，我结婚前，父母请朋友来家里，帮忙打了水泥地面。

水泥地面的出现，对洗澡来说，迎来重大利好。水泥地的性能决定了它绝对是一个吸水典范。水泥地是由水泥粉配沙子一起打成的，沙子的吸水性没得说，在一定范围内，沙子的配比越大，水泥地的吸水性能就越好。懂行的人会在屋里用来洗澡的区域里加大沙子的配比。那块特殊区域，也成为最初意义上的浴室。

大瓦盆粗老笨重，再加上那一盆水，两个人抬都吃力。后来逐步被轻巧灵便的铝盆、铁皮盆所取代。在这些升级换代的产品中，铁皮盆是家庭主妇们用得最顺手的那一个。当时，嫂子和我对象，都是用这样的大铁皮盆子给孩子们洗澡的。

20世纪80年代，我家迎来第一次洗澡"革命"。1989年3月29日，我从单位汽车班花了25块钱买了一个汽车油箱，给它刷上黑色油漆，架到屋顶，接好下水管，一台自制的"太阳能"热水器便诞生了。有了它，只要有太阳就能洗澡。我当时已经在省人民银行上班了，我的"土热水器"引起了办公室孙主任的关注和赞扬。

1.	
	1 丨这个破旧的大瓦盆是20世纪五六十年代我们全家的"浴缸"（郑涛 摄影）
2.	
	2 丨孩子们对这种原始而简陋的"浴缸"感到既新奇又不可思议（郑涛 摄影）

他对我说："兆森，咱们济南来了两位日本朋友。他们正在做关于太阳能使用情况的市场调查，让他们到你家看看吧。"为了欢迎日本朋友的到来，我赶紧到济南市四里山买了两套毛笔。第二天他们来参观了我自制的太阳能热水器，屡屡伸出大拇指头称赞。临走时，我把毛笔送给了他们，他们则回赠给我一个太阳能的小计算器。

在我的"太阳能晒水器"用得不亦乐乎的那一年，香港明星汪明荃开始用甜美而不失稳重的声音向大众推荐了一款名为万家乐牌的燃气热水器——"我用过很多的热水器，万家乐是最好的""万家乐，乐万家"。当时，燃气热水器在国内绝对算是新事物，也代表着更高的一种生活水准。由充满了香港气息的汪明荃代言"万家乐"热水器，很快红遍大江南北。1990年8月8日，我们家紧跟潮流，也装上了万家乐热水器。只要煤气罐里有气，拧开煤气罐阀门，就能洗澡，结束了生活中烧水洗澡的历史，也颠覆了"土热水器"看天洗澡的历史，开启了关于洗澡的品质生活。

随着居住条件的不断改善，我们生活中有了宽敞明亮的浴室，有了高端品牌的热水器，有了浴缸，再也不用为洗澡而发愁，想怎样洗就怎样洗，想什么时候洗就什么时候洗，做到了真正的"随心所浴"。

老家具：镌刻时光的模样

编者的话

    中华人民共和国成立70年，催生了无数中国产业跨越式升级。家具产业，作为人类居家生活不可缺少的耐用品产业，也经历了举世瞩目的大发展。透过老崔家的家具变迁经过，我们看到，家具的属性从单纯的实用性逐渐演变为时尚生活的饰品、享受美好生活的载体，乃至彰显个人品位的艺术品。

    过去，我们一家曾经有过十口人住在57平方米的平房里的日子，那个时候，房间没有客厅、卧室等功能分区，吃饭、休闲、会客包括睡觉都在这57平方米里。

    在我们家最显眼的迎门处，有一套老家具，靠墙的地方是一个长条案，条案前是一张方桌，也叫八仙桌，方桌的左右两边配有叫"一统碑"的椅子。从隐约记事起，我们家里就有了这些老桌椅和摆设。这套老家具是父母结婚时置办的，在漫长的岁月里，它们一直占据着我家里的重要位置，成为我们回忆老家模样的最重要背景。先前，1958年父亲为支持家乡成立人民公社生产队，曾将这套桌椅条几借去，供无偿使用。20世纪90年代，我们搬进楼房后，把它们送给了乡下亲戚。再后来，我办了家庭博物馆，又把它们"请"了回来。

    除了这些老家具，上面的摆设也充满了时光的"痕迹"。在长条

案中间最为显眼的地方，是一款老式钟表。钟表玻璃上绘着玉兰、海棠和牡丹花，还有四个篆字——"玉堂富贵"。钟的右侧放着一面明镜，左侧是一件瓷瓶。这种摆法是按照"东瓶西镜"的易理风水，滴滴答答的钟声，寄托着一种终生平静的美好意愿，寓意祈求生活平平静静，终生平安。条几两侧是博古架，上面摆着旧时的竹子皮暖水瓶、母亲的针线簸箩、孩子们童年的饼干桶、暖被窝的烫壶、听吕剧的半导体戏匣子等老旧物件。

在中堂正中央，先前曾悬挂张彦青的一幅山水画作，两边是书法家张立朝的楹联——"四时花月蜜喧里 一片湖山锦卷中"。那幅作品是1963年时，济南美术工厂送给哥哥的。1966年8月19日，"文革""破四旧"时，父亲让我把这些作品烧掉了。2015年，我又找到

相同风格的作品，我重新挂回原来位置。

　　平日吃饭的时候，全家人坐小板凳围在一个小饭桌上吃，来了客人时，父亲就拨一点菜坐在大桌旁吃。除了特殊情况时八仙桌会临时充当餐桌，其他时候多是扮演着会客的角色。父母也喜欢坐在它旁边，喝着老济南人最爱的那口茉莉花茶，聊着家长里短的生活琐事，过着平淡却充实的日子。

1.	2.

1｜1958年7月14日，家乡新成立的人民公社生产大队借用这套桌椅家具的借条

2｜兄弟俩在这套老家具前唠嗑（张健 摄影）

老茶具（张健 摄影）

　　1984年，母亲去世了，终年68岁。两年以后，父亲也随母亲而去，享年73岁。后来，工作单位给我分了新房子，搬离了这座老宅。没多久，妹妹也嫁人离开了老屋，只留着大哥崔兆林一家人住在这里。随着时间的推进，人们对居住环境的要求也不断升级提档，大哥对老宅进行了全面的升级和改造。房子的高度增加了，也有了保温玻璃走廊，有了"前出厦"，窗户也大了，装上土暖气了，也把自来水引到屋里。

　　再后来，大哥一家也搬进了楼房。那些陪伴父母一生、雕刻着时光痕迹的老家具已不适应现代居家生活对舒适性、实用性的需求。新家宽敞了，但仍没有足够的空间安放它们，于是，我们把它们送到乡下亲戚家。大哥家搬走了老旧的椅子，换上了现代的沙发，搬走了八仙桌，换上了更实用的茶几，开始享受全新生活。在这样的生活中，家具已不仅仅是家装产品，还蕴含着人们对生活品质、时尚品位的全新追求。

即便是这样，那些老家具仍然占据着我们回忆的重要角落，不曾褪色。基于我办家庭博物馆的需要，我和大哥重新把这些老旧家具"请"回城里，把它们放在了博物馆一进门最显眼的地方。看着这些熟悉的老家具，我仿佛又看到了自己的童年时光，又看到有父母在的那些岁月。我小心翼翼地把它们按照原样摆好。几十年时光已然逝去，它们仍以自己独特的风骨和气质，在新的时空中站成一道难得的风景。

户口的故事

编者的话

改革开放之前，城乡居民有"农业户口"与"非农业户口"之分。此后几十年，有多少人为了"农转非"而孜孜以求。改革开放以来，户籍改革不断深化，农业户口退出历史舞台。"三十年河东，三十年河西。"过去人们做梦都想要城镇户口，现在农村户口成了"香饽饽"。

户口，承载着生老病死、上学就业、娶媳嫁女、分田建房、社保福利等功能，牵动着千家万户的喜怒哀乐。我们的老祖宗，在春秋战国时期，已懂得用井田制管理户口。1958年《户口登记条例》第一次明确将城乡居民区分为"农业户口"与"非农业户口"。"锄禾日当午，汗滴禾下土。"被固定在土地上的农民面朝黄土背朝天，饱尝农事辛苦，交公粮之后，经常吃不饱喝不足。拥有城镇户口就仿佛端上了"铁饭碗"，吃商品粮，看病能报销，退休能领工资。此后几十年，有多少人为了"跳农门""农转非"而孜孜以求，不懈努力。

一本户口簿是公民社会生活的最高"凭证"，是公民生存的"命根子"。2015年7月4日，我从济南中山公园一位农民朋友那里购得了两本弥足珍贵的户籍资料——民国三十六年（1947年，我出生那年）山东省历城县户口册。户口里详细记录着这户人家属历城县洛北乡陈家庄第八保第三甲第十八、十九户门牌第十四号等内容。在"文革"时

我收藏的民国三十六年（1947年）历城县户口册

期，他们把这些重要凭证和25张从清乾隆年间到中华人民共和国成立后的1953年的地契都嵌入了墙体，足见对其的珍视程度。

在传统户籍制度下，城里人在教育、医疗、住房、就业等方面，有着更优越的政策设计，享受着不同的福利。在票证年代，每月月初，母亲都要让我们拿着户口本去粮店领取相应的票证。虽然那个年代物资匮乏，但是无论什么情况，拥有非农业户口的城镇居民，都能按月领取相应的粮食供应。上中学时，我有几个同学来自济南附近的梁庄、陈庄、许寺、西沙王庄等农村地区。攥着农业户口，他们在学校里吃饭也成了大问题——城里没有他们的粮食供应计划。不管刮风下雨、酷热严寒，他们每周都得回到乡下家里去拿口粮，要不然接下来的一周准保得饿肚子。

对我那几个农村同学来说，做梦都想"农转非"，过上城里人的

与户口密不可分的粮本、购物证（郑涛 摄影）

生活。他们要想实现这个梦想，摆在眼前的途径只有一种：考大学。然而，命运偏偏同我们这代人开了个玩笑。1966 年，就在我们高中毕业要考大学的那一年，"文革"开始，高考停止了。

我们兄妹三个虽都是"非农业户口"，可下一代户口却遭遇了不少麻烦事。1965 年，哥哥到甘肃张掖农建 11 师支边，在那里和嫂子恋爱结婚。1972 年侄女出生，九个月后，侄女被送回济南我父母身边。按照当时规定，孩子户口都是随母亲，嫂子是青岛人，到甘肃张掖工作后，就把户口迁了过去。侄女直到上小学前，户口一直在甘肃。由于户口不在济南当地，来到济南后的侄女就没有相应的粮食供应计划，布票、粮票、油票也统统没有。后来，父母年迈需要人照顾，我当兵在外照顾不上家，哥哥嫂嫂意欲调回济南却屡屡遇阻，于是就先调回了老家沾化县。侄女的户口跟着他们一起落到了沾化县。直到1983年11岁时，侄女才随父母落户到了济南。

随着改革开放的深入推进，中国城镇化进程加速，亿万农民进城务工，改革户籍制度的呼声不断。2014年7月，国务院发布《关于进一步推进户籍制度改革的意见》，提出建立城乡统一的户口登记制度。自此存在半个多世纪、形成于计划经济时代的传统的"城里人"和"乡下人"户口身份识别不复存在。山东省早在2004年，就已部署在全省范围内逐步取消户口的农业、非农业之分，完全打破城乡分割，实行统一的户口登记管理制度。这领先全国进程有十年之久。

门槛降低了，农民入户城市的意愿也降低了。过去苦苦追求的东西，现在唾手可得，却又不想要了。虽然纸面上抹去了"农业户口"这个称谓，但是农民清楚自己依然还是农民。户口放在农村，有宅基地，有新农合，有种粮补贴，有土地分红，日子照样过得滋润而舒坦。济南南部山区有个叫九曲的地方，四五十年前，那里是个贫穷的村落，不少老乡为"跳农门"而绞尽脑汁，辗转反侧。几十年过去，这里建起了高档社区，那些连吃饭都发愁、连煤油灯都点不起的老乡们，都分上了宽敞明亮的大房子，每年都能收到土地分红款。他们做梦都没有想到能有今天的光景。

"三十年河东，三十年河西。"过去实行家庭联产承包责任制，现在实行土地流转；过去种地要交农业税，现在种地有补贴；过去人们做梦都想"农转非"，现在想要"非转农"的人们不在少数。让农业成为农民心中有奔头的产业，让农民成为有吸引力的职业，让农村成为安居乐业的美丽家园。这些美好愿景正朝我们大步走来！

那一膛炉火的回忆

编者的话

    中华人民共和国成立以来，百姓烧火做饭用的炉子不断"升级换代"，与此同时，燃料也逐渐走向"清洁化"。

    咱们老百姓有个说法——开门七件事：柴、米、油、盐、酱、醋、茶。这其中，"柴"占了第一位。其实回过头来看看，几十年来，这开门七件事中变化最大的也非"柴"莫属了。

    自打记事起，我们家冬季就用一种"花盆炉子"烧水做饭、取暖驱寒。这种炉子是用铸铁铸成的，炉体上部是圆形的，像花盆。除了有个"花盆炉子"这样的雅名，它还有两个上不了台面的名字——"憋大气""憋来气"。

    "点上炉子了没有？"几十年前，这是入冬后人们见面时最常用的问候语。生火，是每家每户每天开门必做的第一件事。天不亮时，父亲或者母亲就窸窸窣窣地起来忙活了，点炉子、烧水忙个不停，然后把我们兄弟二人从床上"铲"起来。我们睡眼惺忪地从床上挪到饭桌前，掰块干粮放到碗里，浇上热水，再倒点酱油，热乎乎地吃上一碗泡干粮，就背着书包上学去了。

2018年2月25日，老同学朱文达向我的博物馆捐赠藏品花盆炉子

再后来1958年"大炼钢铁"时，俺家的花盆炉子被搬走、砸烂，炼"海绵铁"去了。那两年里，市面上没有炉子可买。无奈之下，父亲淘换来一个废弃的"洋油桶"，一番改造之后，自己搪了个炉子，就这样将就了两年。

1960年冬天，我家又买到一个新的"花盆炉子"。从此以后，这个炉子几十年如一日，用一炉火红驱走了冬日严寒，营造了家的温度和温情。"花盆炉子"长得秀气，有"腰"有"腿"的，可就是一个"死沉"。入冬后，人们就得忙活着准备黄泥、麻刀搪炉子，买烟筒、拐脖、买大炭（块煤），找出火钩、火铲等工具。

花盆炉子。用一炉火红驱走了冬日严寒，营造了家的温度和温情（郑涛 摄影）

买大炭可是大事，煤炭券一到手，父亲就赶忙带着我们哥俩，拉上地排车，往济南八里桥那边的一个煤建公司赶。后来，经七路纬七路附近有了一个强国煤炭店，离我们家很近。买炭就方便多了，光靠我和哥哥就能拉回来了。

大炭，有无烟煤、烟煤之分。无烟煤稍好一些，烟煤总是大烟大火的。往炉子里填上一铲子烟煤，能听见炉膛里"轰"的一声，气势十足，紧接着，一股呛人气味迅速弥漫开来，直往鼻孔里钻。

"伺候"炉子是一件麻烦的事情。每到周末清晨，睡梦中的我们，被院子里"叮叮当当"的声音吵醒。那是父亲在院子里敲烟囱里的煤灰呢。也就两个星期的时间，煤灰就把烟囱堵得不透气了，有的随着敲击的震动落了下来，有的顽固得厉害，一动不动。父亲就把烟囱和拐脖都拆下来，把竹竿上绑上一团废旧报纸，一节节地捅进去，彻底疏通之后，再照原样安装起来。

到了夏天，"花盆炉子"就熄了火，家家户户点起了自己盘的炉子，烧自己做的煤渣子。父亲从燃料公司买来炭沫子，把炭沫子和上黄土搅拌成炭泥，在院子里撒上一层炉灰，把炭泥摊成扁扁的"饼子"，再分割成一块一块的，等着阴干了再用。1958年前后，济南开始供应机制煤球（还不同于后来的蜂窝煤），老百姓就不用自己在家里做渣子了。

20世纪60年代中叶，济南市面上出现了一种从北京流行过来的蜂窝煤炉子。炉膛里有一个由耐火材料做的炉套，长度有三块蜂窝煤那么高。蜂窝煤炉子在济南很快风靡一时，迅速取代了之前的"花盆炉子"。

当时，成品蜂窝煤炉子在市面上紧俏得很，人们发挥聪明才智，开始自盘这种炉子。父亲赶紧找人在我家厨房里盘了一个。有了蜂窝煤炉子，人们不用天天早起点炉子，只要头天晚上睡觉之前用一块湿一点的煤压住炉火，就不耽误第二天用。压炉子得把握好火候，也有把炉子压灭了的时候，遇到这种情况，母亲就会像这样差遣我或者妹妹："上李婶子家引个蜂窝去。"我们夹着一块新蜂窝走了，不一会儿工夫，就夹回一块燃得正旺的蜂窝。如果邻居家恰巧没人，那就得自己点蜂窝了，用木头、刨花引火，用"烟囱"拔火，拿大蒲扇扇火，往往是炉子还没点着，先把人呛得喘不上气来，比点"花盆炉子"还麻烦。

　　一冬的蜂窝煤还没有用完，到了夏天，随着空气湿度的增大，蜂窝煤就"粉"了，成了煤沫子。到来年冬天之时，就得重新加工一下才能再用。1989年入冬前，我托堂哥制作了一个打蜂窝的模具。找个闲暇的周末，把那些旧煤沫子填满模具，然后上脚用力一踩，一个蜂窝煤就做好了。做好后，把它们放在阴凉处干透，再和新蜂窝码在一起。

　　1975年，妹妹刚参加工作，她的单位里得到一张煤气炉子票，大家伙不知如何分配，就通过抓阄决定。妹妹手气好，一把抓回了那个炉子。那一年，我们家里安上了煤气炉。对于划一根火柴就能冒出火光的煤气炉子，年迈的母亲又怕又爱，慢慢地竟也用习惯了，就逐渐冷落了蜂窝煤炉子。1984年，母亲离世，没能等到家里有了天然气管道的那一刻。

1989年8月26日，堂弟为我做的自制蜂窝煤工具，用煤沫子填满模具，用力一踩，一个蜂窝煤就做好了（郑涛 摄影）

一盏灯火中的时代变迁

编者的话

　　良夜灯光簌如豆。从中华人民共和国成立初的黑灯瞎火，到改革开放之后的万家灯火，灯光，把百姓从黑夜的禁锢中解放出来，也推动了城市的现代化进程。

　　从20世纪60年代算起，之后的近20年时光里，我家用的一直是那种使用拉线开关、花线的电灯。那时，每家每户都会把灯安在屋里最显眼的地方，我家的灯就垂在八仙桌正上方。说到拉线开关、花线，这可是有年头的老物件了，今天的年轻人不见得能知晓这些"时光老者"。拉线开关最核心的部件是那个黑色胶木材质的小圆盒。圆盒内有玄机，藏有一个小巧的、被尼龙线穿引的弹簧片。因为弹簧片的存在，所以一拉线，"啪嗒"一声灯就亮了，再一拉，"啪嗒"一下灯又灭了。为了防止尼龙线弹跳，母亲把灯绳底部拴上个不用的小锁头或者螺丝帽。晚上睡觉前，母亲就把灯绳拴到两个床之间的椅子上，谁起夜就去摸椅子找灯绳。

　　那个时候，济南的城乡差别还很大。城市已到处有电灯了，城郊和农村依然点着煤油灯、豆油灯。那时，我所在的济南第十四中学每年都要组织学生去近郊的农村帮助公社搞"三秋（秋收、秋耕、秋种）"。1966年春天，我即将高中毕业，我们照例来到济南南部山区的九曲村劳动，被安排在一家梁姓的农户家里吃饭。

灯台与煤油灯（郑涛 摄影）

罩子煤油灯（郑涛 摄影）

那时，九曲村已通了电，村头大喇叭里反复播放着《人民日报》的长篇通讯《县委书记的榜样——焦裕禄》。梁家人很善良，就是穷得叮当响。家里虽扯上了电线，但灯头空空，舍不得用电。傍晚擦黑时，我们从地里回来，趁着有亮儿赶紧吃饭，要不就摸不着地瓜了。

1.　2.

1 | 充满时光印痕的灯泡、灯罩、灯头和花线（郑涛 摄影）

2 | 拉线开关最关键的部位是这个黑色胶木材质的小圆盒（郑涛 摄影）

吃过晚饭之后，梁大哥会端来一个破旧灯台，倒上点豆油，把灯点着。灯亮了，那跳跃着的火苗，给夜晚的山村涂抹上昏黄、神秘的色彩。就着这烟火缭绕的灯，梁家的孩子们写字、看书，熏得脸膛黢黑。梁大嫂也靠近灯坐着，缝衣裳，纳鞋底，侍弄针线簸箩。那个时候，咱们国家的石油严重匮乏，煤油都凭票到供销合作社购买。再加上当时劳动一天的工分工值低，能买上煤油点"罩子洋油灯"的农户都很少。艰苦年代里，大家都是能省则省，舍不得点灯熬油。

　　改革开放之后，无论城市还是乡村，点煤油灯的日子都一去不复返了，但新的问题又不期而至。在经济发展、城建提速的进程中，济南的用电需求持续增大，变压器容量却没有同步增大，生活用电过程中跳闸、停电的现象时有发生。1987年，我家搬到了位于济南市八里洼的单位宿舍。一到夏天，我们就开始为跳闸、停电而犯愁。在每天下午回宿舍的班车上，我作为"车长"就开始喋喋不休、苦口婆心地动员大家："大家晚上先别扇电扇哈，热点儿就先扇扇蒲扇。别一开电扇把保险丝鼓了，先让孩子们写完作业再说！"

　　为了防止突然停电，无论工作还是生活，我们都做好了应急预案。为了保证办公电脑断电时却不丢失文件，我们给每一台电脑都配置了UPS（不间断电源）。为了确保孩子有长明灯写作业，我们还集体购置了日立牌的高端应急灯，以备不时之需。

　　随着城市电力事业的不断发展，配电变压器不断增容，再加上"外电入鲁"输电"大动脉"的"接入"，济南电力供应紧张局面终于得到缓解。百姓夏季用电也不用担心跳闸了。我给女儿买的学习应急灯也就失去了作用，走进了我的家庭博物馆。

　　话再回到九曲村。2002年秋天，我到九曲故地重游时，四下里观望，发现这里到处是高楼大厦，还有独栋别墅。这里已由过去贫穷落后的小乡村，一跃成为城市高档社区了。在这个叫中海国际的新社区里，原来的老乡都分到了新房子，过起了今非昔比的幸福生活。说到这里灯光的变迁，更是堪称"山乡巨变"。五十多年前，这里晚上只有星星点点的微弱灯光，一晃五十多年过去，这里早已灯光闪烁、流光溢彩、美不胜收了。灯光在照亮夜空的同时，成为提升城市形象、塑造城市品位的重要工具。

关于锁的琐事

编者的话

中华人民共和国成立以来，人们生活最重要的变迁，就是一次次的搬家，一次次的换锁。《辞海》中对锁的定义是"必须用钥匙方能开脱的封缄器"。放眼现代生活，很多锁早已不靠传统意义上的"钥匙"才能打开了。

20世纪五六十年代，家人出门时常不锁门，吆喝一声："他王大娘，我们出去了，你帮我们看着门点哈。"说话间，就在门鼻上挂上一把咱们山东烟台出产的三环牌门锁，也不锁死。就算偶尔把锁锁死，也会踮起脚把钥匙放在门框上。那时，锁只是一个象征性的存在。大家共同生活在一个院里，相互照应，守望互助，锁门还是不锁门意义并不是很大。

回忆那个年代，咱们山东烟台生产的三环牌锁具可谓独领风骚。不光在中国城乡随处可见，自1957年打入国际市场后，三环锁也成为中国五金制品出口的"拳头产品"。作为那个时候"中国制造"的一分子，三环锁已赢得了众多国际拥趸。20世纪70年代，坦桑尼亚总统曾亲自下令，要求国家机关和要害部门必须使用中国烟台的三环牌双开锁。

我的家庭博物馆里存了很多三环牌的挂锁。其中有一把是父亲从济南买回老家送给姑母的。2000年12月29日，姑母病逝，我回老家奔

我家三代人用的锁具（郑涛 摄影）

丧，又发现了这把锁体上写着"1950"的三环挂锁，就把它带回济南，放到了我的博物馆里。

我的博物馆里还存了一把特别的锁。它有个特别的名字——"将军不下马"，是母亲在1963年买来锁箱子的小锁。这把锁之所以叫了这么个特别的名字，是因为如果不锁死它，钥匙绝对拔不下来。母亲觉得这把锁真巧妙，再也不怕将钥匙锁在屋里、箱子里或抽屉里了，一直对那把锁头情有独钟，用了20多年。

改革开放之后，人们的居住条件不断改善。我们家由平房搬进了楼房后，使用了几十年的传统金属挂锁失去了用武之地，取而代之的是各种金属把锁或暗锁。再后来，各家各户装上了防盗门，各个单元之间还安上了单元门。伴随单元门而生的门禁卡，完全颠覆了人们对锁的原有印象。只要把它放在读取处，"滴"的一声，门就能打开，人进来之后门又自动锁上。这放在以前简直就是不敢想象的事情。

我办家庭博物馆之后，资料多，放了几十个展橱。每个橱子上有四个钥匙。这么多橱子，这么多钥匙，如何管理钥匙，成为一件重要的事情。我把所有柜子的钥匙都编了号，把相对应的钥匙也分门别类地编上号。平常不经常用到的钥匙，我放在一个单独的铁盒子里；经常用到的钥匙，我专门弄了一串"常用钥匙"，放在显眼之处。

这些年来，我把家里使用过的明锁都收藏了起来。随着明锁升级为暗锁，我又开始收藏各种各样的钥匙。这些年来，凡经手的钥匙，我都没有扔掉。我保留着我家每一次搬家淘汰下来的钥匙，也保留着单位每一次换锁之后的废旧钥匙。这些废弃的东西，其实记录着一个独特的时代，也见证着这些年来科技的不断进步和发展。得益于改革开放这把经济社会发展的总"钥匙"，得益于智能时代的快速到来，"刷脸"又代替了钥匙。在未来的时日里，锁和钥匙的故事将继续精彩演绎。

我家电视机的"换代史"

编者的话

与千千万万的家庭一样，崔兆森家经历了电视机从无到有、从黑白到彩色、从小到大，从手动到遥控，从球面屏幕到平面直角，从电子管到液晶、等离子的变迁。电视机的变迁，同步于百姓生活的升级与变迁，也折射了国家的发展和巨变。

1957年11月7日，我在《中国少年报》上看到有关庆祝苏联十月革命40周年活动的情况介绍：苏联那个时候已经有了电视，可以观看足球比赛。说实话，当时光通过文字描述，我根本无从想象电视是什么。对电视有了直观认识，是在1966年11月3日，那一天，19岁的我和同学到北京"大串联"，住在北京杆榄市东利市营街道居委会。在那里，我生平第一次见到了电视机，从电视里看了一部名叫《红色背篓》的电影。我当时感到十分惊奇——人竟然能在这个大脑袋的方盒子里面活动、说话，我越过人群使劲凑近了想看个究竟。这种兴奋和好奇，就像童年头一次见到戏匣子，想看看里面有没有人一样。

改革开放之前，电视机从星星之火到燎原之势的转变过程中，1976年是个关键年份。这一年的9月9日，毛泽东主席逝世，百万首都人民要于9月18日在天安门广场举行隆重悼念仪式。当时上级指示：可以通过电视收看北京的毛主席追悼会。很快，不少单位活动室里都

摆上了电视。9月18日下午3时整，由500人组成的军乐团奏起的悲壮哀乐，天安门广场上，百万首都人民全场肃立，默哀3分钟。大会的实况通过电视传送到千家万户，悲壮的哀乐声响彻祖国城乡。

　　等到电视机真正"飞入寻常百姓家"，已是改革开放之后了。1979年11月4日，我们一大家人凑钱，一共花了420元钱，买了一台济南产泰山牌黑白电视机。1981年，《霍元甲》热播正酣之时，有邻居要来家里看电视，家里人从来都是备好茶水，热情以待。一屋子的人围着一个12（英）寸的"方盒子"，看得津津有味，情绪也为剧情所牵动，你笑我也笑，你哭我也掉泪。

1.	2.

1 | 1979年11月4日，我家买了第一台泰山牌12（英）寸黑白电视机（张健 摄影）

2 | 1983年11月5日，我家买了第一台14（英）寸上海金星牌彩色电视机（张健 摄影）

虽然看的是黑白电视，但是大家都知道彩色电视机的存在，于是动起了脑筋，把硬塑料片、玻璃片染上颜色后罩到电视屏幕前，就这样也看上彩色电视了！那个时候，赵忠祥一出来讲话，牙齿都成了绿色的。电视信号时常不好，人们就在院子里竖一根天线，没有天线的就弄个笊篱挑着当天线。经常是正看着电视，便没了信号，就派一个人出去转转天线。屋里屋外的人还遥相通话——

"清楚了吗？"

"不行，再转转！"

"好了，清楚了。别动了哈！"

如此这般，好一阵忙活。为了让家人、朋友不错过精彩一瞬，外面的人就得长时间保持一个动作，手脚麻了都不在乎。后来的小品里说到的"买二斤肉，挂在天线上"，也不失为一个好办法。

1983年，我用了从军14年的全部转业安家费930元，又添上了50元钱，买了一台14（英）寸金星牌彩色电视机。当1984年春节到来时，新电视"大显神威"，派上了大用场。除夕晚上，我们全家人围坐在一起，收看了中央电视台举办的第二届春节联欢晚会。

当年的晚会内容让电视观众热血沸腾，倍感激动和震撼。在过去的十年里，文化艺术界遭遇寒冬，八个样板戏、"老三战"长期一统江湖。可就在那一年的春晚上，《我的中国心》《外婆的澎湖湾》《乡间的小路》《阿里山的姑娘》《妈妈教我一支歌》《幸福在哪里》等一首首悠扬的旋律，从电视屏幕上洋洋洒洒地飞出来，飞到观众干旱已久的心田上。谁能想到，也就从那时起，全家老少围坐在电视机前看央视春

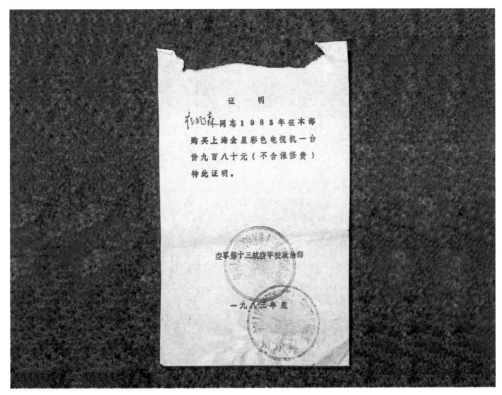

1983年，买14（英）寸彩色电视机时的证明（因军队系统供给，无发票）开证明是以防运输过程中被认为是走私物品

晚，成为后来老百姓过年的新"年俗"呢。

时代的车轮滚滚向前，电视机从须斥巨资购买的奢侈品一跃变成百姓生活的寻常物件，这难道不是改革开放带给百姓的惠民红利？1989年，我家换掉了"大脑袋"、球面屏幕的电视，换上了平面直角的电视。2006年，我家又换上了不占地方、不伤眼睛的液晶电视。电视薄如书本，还能像相框似的挂上墙，放在从前无论怎么也想象不到。在今日时空下，我们又看上了网络电视，电视节目资源丰富到让人不知道看什么好。

就在电视节目越来越丰富、电视生产技术越来越先进的过程中，有一点不容忽视——看电视的人越来越少了。也许是电脑、平板、手机的存在，让看视频有了更多元、更丰富的选择，也许是人们对电视的热情逐渐归于平淡。在这种情况下，不知道今后的电视机将何去何从？

半导体收音机相伴的军营岁月

编者的话

　　曾伴随几代人成长的半导体收音机，也让崔兆森的部队生活充满了弥足珍贵的美好回忆。对他来说，那台熊猫牌收音机，是军营岁月里的"互联网"，是音乐曲艺的"教科书"。

　　1979年，我在蚌埠当兵。那一年，我从军区文化器材供应站里买了一台熊猫牌半导体收音机，总共花了190多元钱。那个时候，我一个月工资才60元钱。半导体收音机是那个年代最时尚的收听工具。虽然当时的广播节目远远没有现在这么丰富，但是就这么个小物什带给我的获得感和幸福感，可能是现在许多高科技产品都无法取代的。

　　在军营这个相对封闭的空间里，借助收音机，我聆听到世界科技的日新月异、社会事业的蓬勃发展、文学曲艺的最新动态等。一台收音机给予我的馈赠，无异于现在广博无边的"互联网"。

　　一日之计在于晨，每天清晨6点30分，收音机就上岗工作了。伴随《歌唱祖国》雄壮的乐声，中央人民广播电台的《新闻和报纸摘要》开始了。在《报摘》声中，我起床洗漱，整理内务。自此，听《报摘》的习惯，一直延续了四十年。

　　我在部队从事文化工作，主要任务是组织部队的"打球"照相，吹拉弹唱，布置会场，迎来送往，所以尤其关注广播里的文艺节目。1980年初，中央人民广播电台文艺部和《歌曲》编辑部联合推出了《我们的生活充满阳光》听众喜爱的广播歌曲评选活动。"风乍起，吹皱了一池春水。"当时，全国各地听众热情如潮水般汹涌，前后有25万多名听众参加了那次评选活动。作为一名热心听众，我第一时间给评选活动小组邮寄了我的选票。

　　那个时候，广大艺术家走过了特殊年代，丢掉了不公平的"帽子"，迎来了春风拂面、激情荡漾的岁月。他们尽情释放艺术情怀，为崭新的时代孕育出崭新的歌声。《绒花》《大海一样的深情》《泉水叮咚》《我们的生活充满阳光》《青春啊青春》《请到天涯海角来》《在那桃花盛开的地方》《吐鲁番的葡萄熟了》《妹妹找哥泪花流》《祝酒歌》《浪花里飞出快乐的歌》等优美的抒情歌曲，通过半导体收音机这个神奇的盒子流淌而出，咿呀唱软了收音机旁每一双倾听的耳朵。

　　说起改革开放之前的歌曲，不是样板戏就是口号式歌曲。我在部队

上教歌时，教的全是类似于"说打就打，说干就干，练一练手中枪，刺刀手榴弹！瞄得准来投也投得远，上起了刺刀叫他心胆寒"这样激昂雄壮却难免硬邦邦的队列歌曲。改革开放之后，通过收音机推而广之的那些悠扬动听的抒情歌曲，深深打动了我。我尝试着把它们教给部队官兵。像《军港之夜》那样充满柔情、浪漫气息的歌曲，我也敢教了。

　　一首歌试出了部队官兵的思想解放状况。对于这首歌，大部分官兵十分喜爱，缠着我一遍一遍地教他们。他们或许觉得，歌曲释放了自己封闭的情感，唱出了军旅歌曲的崭新味道。当然，这也遭到了个别官兵的反对和质疑。他们认为，唱《军港之夜》可以，但不应该唱得如此缓慢、轻柔，而应一如既往地铿锵激昂、抑扬顿挫。

1.	2.	3.

1｜熊猫牌半导体收音机（杨超 摄影）

2｜父亲天天听的泰山牌半导体收音机（郑涛 摄影）

3｜熊猫牌六灯收音机（杨超 摄影）

我的第一部评书作品是我国著名评书表演艺术家刘延广的《血染教堂》，图为2015年11月15日，哥哥和刘延广合影

在歌声以其鲜活、灵动记录时代、打动人心之时，广播节目里的各类语言类栏目也日渐深入人心。在部队没有集体活动的闲暇时光里，我开始用半导体收音机来听评书。想来那个时候，听得最多的是刘兰芳的《岳飞传》。电波那头，刘兰芳一拍手中惊堂木，"话说……"的皆是彪炳千古的英雄豪杰、古典文学名著。她的评书语言生动幽默、说表并重、绘声绘色，刻画人物个性凸显、形神兼备。我被她抑扬顿挫、铿锵起伏的语言魅力和声韵美感深深迷住了，禁不住自己也想试一试。1979年，我开始尝试表演评书。我的第一部评书作品是我的世交山东评书创始人和代表人、我国著名评书表演艺术家刘延广大哥创作的《血染教堂》，讲的是解放济南的故事。

1979年这一年，我创办的"十三航校三人演唱组"，在原南京军区空军所辖四省一市的部队演出过百场，每场都是以我的评书《血染教堂》压轴。在一个能容纳一千多人的大礼堂里，我在台上意气飞扬地用济南话说山东评书，广大官兵在台下全神贯注地聆听每一个细节，整个演出中不断赢得满堂彩。

1980年，妻子带着女儿从济南到蚌埠，开始随军生活。在我的影响下，女儿也一名标准小收音机迷的样子。但她喜欢的节目与我不同，她最期待听到的声音就是"嗒滴嗒、嗒滴嗒、嗒嘀嗒—嗒—滴—小朋友，小喇叭节目开始广播啦！"在她的成长岁月里，《小喇叭》已成为童年回忆中不可或缺的一个重要组成部分。

录音机：何日君再来

  电影《芳华》中有这么一个情景，文工团女兵一起围坐在录音机旁边，偷听邓丽君，陶醉其中。现实中，崔兆森的往昔岁月中也珍藏着相似的一幕，也有一段为邓丽君着迷的时光。改革开放初期，卡式录音机慢慢成为寻常家庭的消费品。与此同时，邓丽君的声音、流行音乐的魅力，青春的萌动与美好，随着录音机一并都来了。

  说起录音机最初流行的年代，对许多人来说，头脑里可能会闪现出20世纪80年代那些留着长发、穿着喇叭裤、拎着录音机的时尚"新青年"。那时，录音机不仅仅在城市领尽风骚、一时无两，也影响我国的偏僻地区。记得看过一张照片，在四川大凉山火把节上，由两位彝族妇女打头阵，两人提着双卡录音机，放着音乐，带领着长长的队伍在大街上表演的情景，让人不得不感慨录音机的影响力和渗透力。

  我的录音机记忆更多的与邓丽君联系在一起。1979年，我在政治机关当文化干事，同属一个科的战友程志佳的弟弟是海员，从境外带回一台"半头砖"录音机，还有一盒翻录的邓丽君的录音带。

  那是我第一次听到邓丽君的歌，当时的感觉是，这是谁的声音？怎么还有这样的声音存在？这么温柔，这么舒服！那个时候，我们听

俗称"半头砖"录音机（郑涛 摄影）

到的都是清一色声嘶力竭、大气磅礴的样板戏，哪里听过这么娓娓道来、浅吟低唱的歌曲！我至今都忘不了第一次听到邓丽君歌声时的惊讶和震撼。

可当时社会的舆论氛围，尤其是部队环境，都认为邓丽君歌曲是"靡靡之音"，言指其歌曲内容比较灰暗、颓废。但我们着实被这种声音吸引了，听着好也不敢说，就偷着听。到了晚上，我们把门窗关好，窗帘拉上，把录音机音量调得小小的。当邓丽君的歌声从录音机中飘出时，白天部队生活的忙碌和紧张一下子得到了最大程度的释放。

当时录音带是翻录的，没有盒子，更没有歌名和歌词。我们就一遍一遍地反复听，逐字逐句地斟酌，试着把听到的歌词"翻译"过来。

两个时代的录音机：一个功能，两个重量（杨超 摄影）

"我住高山上，你住在绿水旁"这种句子，很容易辨识，但类似"花已谢，春已去，为谁留下相思意"这样的句子，就不太容易听明白，我们就反复听直到弄明白为止。先把歌词在一张废纸上记录下来，然后再认认真真地誊抄一遍。我们俩在一起，把那盘磁带上的所有歌曲全部"翻译"过来了，但不知什么歌名。

多少年过去，听邓丽君早就不用偷偷摸摸的了。在熙熙攘攘的大街上，在僻静小巷的拐角处，在繁华商店的飘窗里，一首熟悉的旋律会不时地飘出来，《小城故事》《千言万语》《美酒加咖啡》或是《何日君再来》……许多年后的今天，那一代人在她的歌声中迈向中年、老年，这些听歌人背后的时代，亦发生了天翻地覆的巨变。

说到录音机的记忆，有一则广告值得一提——"燕舞、燕舞，一曲歌来一片情"，在霹雳舞曲声中推出的燕舞收录机广告。20世纪80年代，这段动感旋律在各大电视台黄金时间频繁响起，"燕舞"牌收录机知名度由此如日中天。说来也巧，燕舞牌录音机厂的厂长还是我在江苏盐城部队一个分队的战友，他原名叫羌六贵，后改名叫羌勇。

后来，随着音像放映电器市场的快速发展，"燕舞"牌收录机最终销声匿迹了。整个录音机市场不容乐观，录像机以及VCD、DVD等播放设备却风生水起、应势而生。后来，Walkman、CD机、MP3、MP4等高科技数码产品如狂风巨浪般席卷而来，录音机终于功成身退。再后来，只需要一部手机，录音、放音全都解决了。

在我的家庭博物馆里，我收藏有20世纪60年代重达15公斤的国产钟声601录音机、录音带，有80年代"半头砖"式的北京牡丹牌录音机、录音带，以及这几年生产的仅有几两重的录音笔，这些录音设备的变化也见证了科技的飞速发展，令人感慨。

固定电话：天涯咫尺尽收耳侧

编者的话

　　中华人民共和国成立70年，百姓的生活可谓翻天覆地、日新月异，对物质文明的追求得到了最大程度的释放和满足。作为重要的通信工具，固定电话经历了拨盘式、按键式等不断升级换代的过程，与此同时，电话号码也历经了由5位到8位不断升位的变迁。感谢通信工具的巨变，天涯咫尺才能尽收耳侧。

　　20世纪70年代，济南的老百姓遇到急事了，就跨上自行车到经二路纬三路那边的邮局去打长途电话。领上号码坐等叫号时，就开始组织语言，思量着如何三言两语把事情说周全。

　　"楼上楼下电灯电话"，相信不少上了年纪的朋友特别熟悉这句话。对于老百姓而言，这是一幅十分美好的生活蓝图。到了20世纪80年代，国家对普通家庭安装电话实施开放政策，固定电话开始走进家庭。一开始的固话没有按键，拨号需要拨号轮，所以那时候打电话叫"拨"电话，那时候的电话机叫"拨盘式电话机"。但由于安装及通话费用昂贵，能安得起电话的人家寥寥无几，绝大多数老百姓遇上事了还是第一时间到邮局里打电话。那时，打任何电话都得通过总机中转，话务员会询问你想往哪里打，然后准确而又迅速地给接上相应的外线。在程控电话到来之前，话务员的工作忙碌而又重要。

从固话到手机之变，不断升级的通信工具让天涯变咫尺（郑涛 摄影）

20世纪90年代，我所在的山东省人民银行金店的业务好得不得了，加班加点是常事。因为业务发展需要，单位给我家里装了一部电话。1993年3月23日，两位工程人员来我家，先是引上了电话线。几天后，他们又来装电话机，电话终于接通。那时的电话已是按键式的程控电话。

90年代中期，改革开放的成果已日益凸显，老百姓的生活亦呈现出水涨船高、日新月异的态势。此时，程控电话全面推广，真正"飞入寻常百姓家"，电话发展的大时代终于到来。我开办家庭博物馆之后，收藏了各种电话机一百多部，这其中还有同学王高阳送来的济南市第一部程控电话机。当时在邮电局工作的王高阳见证了90年代人们装电话机的高涨热情——那时邮电局的电话办理窗口天天排起长龙。

还记得"喂，小丽呀"这则"无绳电话"的广告吗？凭着"无绳电话"，"步步高"品牌杀入市场，并在此后两度成为央视"标王"。作为电话极盛时代的新潮之物，无绳电话摆脱了电线的束缚，人们讲电话可以在家里的任何一个角落进行了。1996年，我搬家后，哥哥还给我送了一部这样的无绳电话。

有了电话，人与人之间的沟通增添了全新的渠道。我清楚地记得，1995年春节后，一家媒体用上了这样的标题——《今年流行电话拜年》。

几十年来，济南的固定电话历经了一次次号码升位。1968年，我在济南时报社当资料员时，电话号码是5位的。1991年1月，济南在全省率先将城乡电话号码由5位升级到6位。1993年，我家安装第一部电话时号码是272917，是6位的。就在这年末，济南电话号码一下子由6位升级到7位。2005年5月21日起，济南电话升为8位。据了解，目前国际上固话号码最高的就是8位，升至8位后，数十年内济南市固话将不用升位。许多人可能觉得："升位，不就是加一个数字吗？"其实，这是没有读懂这小小一位数背后蕴含的重大意义。电话号码位数的改变，折射出来的一定是城市的发展与现代化进程。

| 1. |
| 2. |

1 | 1968年6月1日，在济南日报社资料室工作时，办公桌上最显见的摆设就是电话机（郝蔚 摄影）

2 | 1993年2月1日，办公室装上了外线电话（温跃 摄影）

木制童车：孩子们也有专属"座驾"

编者的话

20世纪50年代至70年代初，济南市面上还只有竹藤编制的"童车"。崔兆森让会木匠活的亲戚，帮忙制作了一辆属于孩子的"座驾"，后又对其多次改造、加工。这辆童车任劳任怨地满勤工作，陪伴了崔家几个孩子的成长时光。

哥哥嫂子在大西北工作，生活条件太艰苦，等他们的女儿断奶后，两人就准备把孩子留在父母这里抚养。母女分离之前的那个夜晚，大家都担心得很，怕孩子哭闹。结果，孩子出乎意料地乖，一点都没闹。由于孩子是家里的长孙女，又面临母女分离，我们一大家子对孩子的事情格外上心。我找到一位精通木匠活的亲戚，想请他帮忙做一个童车。

这个亲戚13岁就能打出一把像模像样的椅子。在木匠这个行当中，只要能做好一把小椅子，基本上什么木匠活就不在话下了。因为一把小椅子包含很多榫卯结构，还有很多"斜茬"，考验木匠的手下功夫。童车做好后，在济南汽车配件厂工作的亲戚又用跃进牌汽车胶木的齿轮给童车做了轮子，用煤气管子做了轮胎。就这样，童车的轮子也做好了。

我们哥俩的孩子都用过这个童车，等到妹妹家孩子出生的时候，

市面上已经有那种成品童车可以买了。那个时候，济南市面上没有专门的婴幼儿产品专卖店，竹藤做的童车要到土产店里才能买得到。大概到了20世纪70年代中叶，土产店里有成套的成品童车轮子在销售了，我赶紧买来，把童车换上了那种轻便的轮子。大人们推着这样的车子上街，一路上顺畅了很多，省了好多力气。孩子们就这样被长辈推着走过一条条熟悉的街道，似懂非懂地听着沿路街坊们唠家常，渐渐长大了。

1.

2.

1｜1976年2月8日，母亲和她的长孙女靓靓、出生十几天的小孙女毛毛（郝蔚 摄影）

2｜侄女、女儿童年时的童车（杨超 摄影）

1977年11月7日，侄女、女儿在童车里（程志佳 摄影）

现在，这个童车就静静地立在我的家庭博物馆里。虽然已历经了40多年时间的涤荡，它依旧完好如初。它结构简洁，榫卯结构浑然一体，没有一颗钉子，体现着制作者的技艺和智慧。车子中间有块活动的木板，可以用来当"桌子"，放些小孩的玩具、零食，这也可以拿下来放在最下面一层，铺开了就是一张床，孩子可以睡在里面。

随着孩子的长大长高，童车自身带的横梁已经拦不住孩子了。这时，我就开始往上扎几道竹竿，四根横的，四根竖的。等第一层矮了，就扎上第二层。等到童车实在装不下孩子了，它仍然能够发挥余热——充当学步车。小孩子推着它学走路学得快着呢。孩子长大了，我们就把这辆童车给了更小一点的孩子家。一辆车子能伴随好几个小孩长大。

后来，我在商场见过一种铁质单人童车。这种童车基本上是用铁管制成的，座椅前方安装了一个椭圆状桌盘。虽然看上去稍显简陋，但是非常实用，且体积较小，灵活方便。在孩子不用时，它还可以用来运载日需物品。

随着社会的发展，现在的童车早已品牌化，不再像木童车、铁童车那般笨拙沉重，一只手就可以拎得起，并且可折叠，能制动，坐用舒适，携带方便。无论是安全性、舒适性、时尚感，充满"高级感"的童车，把那些简陋版童车"甩出了好几条街"。

自行车的《归去来兮辞》

编者的话

　　改革开放之初，自行车不仅是重要的交通工具、运输工具，更是美好生活的象征。随着时间的推移、经济的发展，自行车在一段时间里仿佛变得无足轻重了。近些年来，共享单车又让人们重新回到了自行车座上。自行车滚滚向前的车轮，丈量出了中国社会的时代变迁。

　　1958年，叔叔回山东探亲时，留下150元"专款"，让家人务必买一辆自行车改善生活。不久后，父亲推回来一辆永久牌墨绿色自行车。哥哥和我站在车旁边，摸一摸车头的商标，捏一捏车大梁，摇一摇脚镫，晃一晃车铃。那新车真让我们爱不释手。

　　哥哥最先学会了骑车。那年代，骑个自行车出门堪比现在开豪华轿车出行，回头率极高。当哥哥风驰电掣地从街头一闪而过，整条街上就数他最风光了。到了人多的地方，他还故意用脚倒一下车链子，链盒里发出"哗啦哗啦"的声响，引来一众羡慕的眼神。我也对那辆车喜欢得不得了，一放学，就小心翼翼地把它推到街上，和小伙伴们轮流着练习学车。我们那时还是十几岁的毛头小子，二八大梁对我们来说十分高，我们当时都以"掏裆骑"的形式来驾驭和把控它——握着车把，稳着车架，斜着身子，把腿穿过横梁下方的空档，努力去够脚镫子。用如此姿势骑车身体扭动幅度特别大，往往是骑一段路下车来，提一次裤腰

我收藏的自行车（郑涛 摄影）

或扎一把裤腰带。后来，我们也开始玩些花样动作，你丢地上一分钱后迅速跑开，我骑过去弯腰迅速将钱捡起。诸如此类，我们都驾轻就熟。

在"掏裆骑"的过程中，车子的斜大梁老是被蹭来蹭去，一来二去地梁上的漆就被磨掉了一些。哥哥看着心疼，专门找来一些塑料管，用剪刀豁开，把大梁一层层地仔细缠起来。后来发现，这样做取得的结果却适得其反，揭下薄膜时漆面竟跟着一起掉落了。

随着时间流逝，马路上的自行车逐渐多了起来，耳畔"叮铃叮铃"的清脆铃声也越来越多了。与此同时，新的烦恼来了——丢铃铛皮。铃铛皮，可谓自行车上最容易丢的一样东西。我们家永久牌自行车上的转铃，当时算是比较高档的。哥哥每次停下车后，第一件事是先把铃铛皮卸下来装到裤兜里，回来骑车时再把它给拧上。再后来，许是哥哥装卸烦了，他就找人加工了一个不锈钢的铃铛卡子。卡上卡子的铃铛皮就如同上了保险，不用再担心被盗了。对这辆车子，哥哥一直呵护有加，直到70年代末期把它运回沾化老家时，还一点都不显旧。

20世纪80年代，尽管得凭票供应，价格不菲，自行车还是潮水般的涌进百姓家庭生活中，几乎家家户户有自行车，男女老少会骑自行车，咱们国家也成了闻名世界的"自行车王国"。那时老百姓上班、走亲戚、去商店，不是骑自行车，就是坐自行车。我们结婚的时候，我对象就是坐着自行车来的。1975年2月8日，妹妹和邻居天惠妹妹骑着自行车去山水沟接上新娘子，我对象娘家妹妹李薇和邻居安美又骑上自行车，把她护送到小纬六路南街的新房来。

虽说自行车是当时结婚流行的"三转一响"中的重要一转，但我们俩真正买第一辆自行车还是在婚后第二年。当时，女儿已出生了，为了方便我对象每天中午回家给孩子喂奶，我们买了一辆不带大梁的永久牌的坤车。上街行驶前，我先去交警部门上了非机动车行车执照，在车把正中间打上钢印号。

1987年12月，我们从七里山搬到了舜玉北区的宿舍后，买了一辆永久牌自行车，开始了漫漫骑行路。每天晚上，我先得骑到南上山街小学去夜校教课，然后去位于经三路纬三路的济南27中接上晚自习的女儿。骑车从27中回家的这一路，堪称一段苦涩的记忆。沿途一路上坡不说，路况还十分不堪，从玉函路往南到省委二宿舍全是沙子地，从省委二宿舍往南又成了土垃路。我每次带着女儿蹬车回家，都得大汗淋漓，就算是在冬天，内衣都溻透了。

"不是为了快，而是为了省劲儿。"1988年9月17日，我去济南王

自行车车牌（杨超 摄影）

舍人庄轻骑摩托总装厂提了一辆轻骑15-2型机动脚踏车之后，我在车头上贴上了这句话。自从我装备了全新的代步工具之后，回家之路变得轻松无比、逍遥自在。

这些年以来，我的交通工具完成了自行车、摩托车、私家车的更迭交替，最后又回到最初的自行车。退休之后，我一直坚持骑自行车，自行车后面常年用一个纸箱驮着宠物狗，十几年如一日。偶尔我不驮狗狗，街上的熟人多是这样和我打招呼："大爷，狗呢？"

无独有偶，我发现，在我重新回到自行车座位上之后，那些原本远离了自行车的年轻人，也骑起了一种叫"共享单车"的自行车。上下班高峰时，如潮的"共享单车"一拥而至的场景，让人想起记忆中那个

輕騎牌摩托車

QM50Q-A (15-2)

QM50Q-2A (50D)

QM50Q-C (15C)

我骑过的两款摩托车：轻骑QM50Q-A（15-2）和QM50Q-C（15C）

熟悉的自行车王国，让人依稀又看到昔日那群骑着二八大梁的追风少年们。

不是我不明白，是这个世界变得太快。年轻人们弯腰扫码、开锁骑车、手机付费的骑车方式，让我看得心生蹊跷。虽然时代变化太快，让我们有点跟不上节拍，但我们深刻懂得，在这个车辆激增、尾气围城的年代里，无论我的自行车，还是年轻人的"共享单车"，都是值得提倡和标榜的出行工具。

呼啸的火车

编者的话

　　老相册里泛黄的绿皮车还未远去，带着现代化气息的银色"子弹头"已呼啸而来。七十年间，中国在变，火车带给人们的乘坐体验和时速印象也不断被刷新。

　　20世纪70年代，我在济南西郊机场当兵时，经常坐火车去北京出差。那时候火车时速也就六十来公里，去一趟北京得八个小时，火车票价十块二。那个时候也分快车和慢车，就算特快一路上也要停三次才能到达北京。

　　人在军营，身不由己。穿上军装后，我陪家人的时间明显减少，心中多有所亏欠，不知从何弥补。1978年9月，得知我能有一周假期后，我有了主意，提前托人给母亲买了一张去北京的卧铺票，给自己买了一张同行的硬座票。我想趁此机会让母亲坐坐火车，去首都北京走走看看。母亲从来没有出过远门，很少坐火车，对如此的远途旅游，她既期盼又充满担忧。

　　9月14日晚上，家人送我和母亲上了火车。母亲容易晕车，一上车，我就服侍母亲躺下了，随后又找到列车员，请他们留意母亲的状况，并且告知了我的座次。列车员通情达理，建议我坐在母亲的卧铺

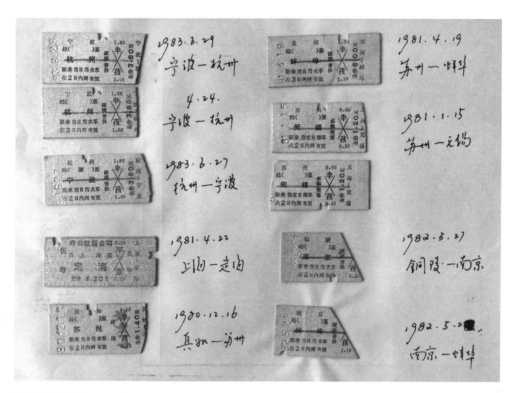

我收藏的火车票

旁边，以便照料。就这样，七八个小时过后，我们来到了北京城。母亲晕车不敢坐公交，我就从北京的姑姑家借了一辆自行车，推着她逛了天安门广场、故宫、北海、景山、王府井等景点，完成了一桩夙愿。

1979年之后，部队从济南换防到安徽蚌埠，我只有节假日才能回家探亲。从那以后，火车成为我维系亲情的重要交通工具。每逢过年，我也成为春运大军的一员。那个时候，过年如"过关"，火车站像"战场"，车站售票窗口前、候车室里全都是人。每个售票窗口前，密密麻麻的排队人群能甩出好远。那个时候，为买一张票排上三四个小时的队很正常，郭冬临小品中"带着铺盖卷在售票窗口前通宵排队"的情景，也绝对不是虚构的。

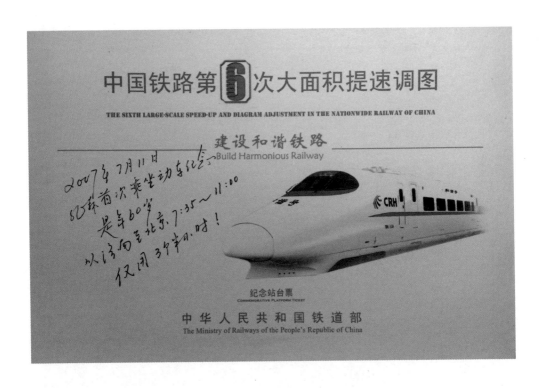

中国铁路第**6**次大面积提速调图

THE SIXTH LARGE-SCALE SPEED-UP AND DIAGRAM ADJUSTMENT IN THE NATIONWIDE RAILWAY OF CHINA

建设和谐铁路
Build Harmonious Railway

2007年7月11日
记张省首次乘坐动车纪念
是年60岁
以诗句至北京，7：35～11：00
仅用3个半小时！

CRH

纪念站台票
COMMEMORATIVE PLATFORM TICKET

中华人民共和国铁道部
The Ministry of Railways of the People's Republic of China

　　好不容易买上票了，又到了考验体力和技术的上车环节了。那时，人们攥在手中的硬板火车票上都是不标注座位的，上车后可以随便坐，但奈何供不应求甚至一座难求。为了能占上座，挤不进车门的人不顾不雅和狼狈，纷纷从窗户爬进车厢。车厢里到处是人，人累了倒头就地而眠。那一节节车厢，寄托着对家乡的思念，也承载着归家路途的艰辛，不仅仅是车厢的拥挤喧嚣和人满为患，还有走走停停的缓慢速度。每次从蚌埠回济南，我经常得站上个七八个小时，到了泰安才有个座，放松一下僵直麻木的双腿。

　　蚌埠地处中国南北地理分界线秦岭——淮河一线，冬日蔬菜的种类和数量，远比济南丰富太多。那个时候，济南人过冬只能吃到白菜、萝卜、胡萝卜这几样，而蚌埠市场上却有让北方人艳羡的蒜苗、芹菜、韭菜、菜心等蔬菜。就这样，蔬菜成为我每年为家人精心准备的独特

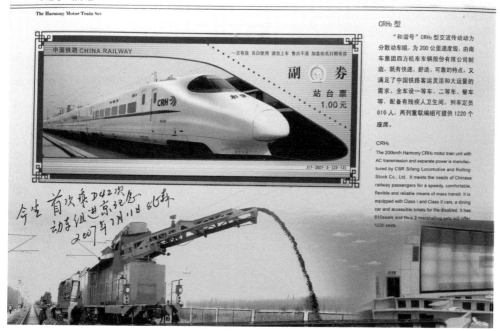

"和谐号"动车组
The Harmony Motor Train Set

中国铁路 CHINA RAILWAY

一次有效 当日使用 请включ上车 售出不退 加盖站名日期有效

副　券

站台票
1.00元

J17-2007-3·(23-13)

今生首次乘D42次
动车组进京纪念
2007年7月11日 晚维

CRH₂ 型

"和谐号" CRH₂型交流传动动力
分散动车组,为200公里速度级,由南
车集团四方机车车辆股份有限公司制
造,既有快速、舒适、可靠的特点,又
满足了中国铁路客运灵活和大运量的
需求,全车设一等车、二等车、餐车
等,配备有残疾人卫生间。列车定员
610人,两列重联编组可提供1220个
座席。

CRH₂

The 200km/h Harmony CRH₂ motor train unit with
AC transmission and separate power is manufac-
tured by CSR Sifang Locomotive and Rolling
Stock Co., Ltd. It meets the needs of Chinese
railway passengers for a speedy, comfortable,
flexible and reliable means of mass transit. It is
equipped with Class I and Class II cars, a dining
car and accessible toilets for the disabled. It has
610seats and thus 2 marshalling sets will offer
1220 seats.

年货。确定了行程之后,我就提前一天去买好各种蔬菜,摊开晾好,
再小心翼翼地用报纸包起来,一方面能方便携带,一方面可以保温。
1985年,我转业回济南后,想起用火车捎蔬菜的日子,还有点怀念。
没想到没过几年,咱们山东寿光发明了蔬菜大棚,掀起了一场"菜篮
子革命",北方人冬天想吃什么蔬菜就可以吃什么蔬菜了。

　　如果说不在意火车的速度,是因为有家的温暖在前面吸引、召唤的
话,那么但凡家里遇到十万火急的事情,这样的速度就能把人熬得逼近

1.　　　2.

1、2 | 2007年7月11日,我首次乘坐动车,从济南到北京仅用了三个半小时(如今,济
南到北京仅用一个半小时)

崩溃。1984年3月31日晚上，我在蚌埠部队，接到哥哥的电报："母亲病重，速归。"后来哥哥告诉我，发电报时母亲已经去了。母亲临走之前还撂下一句话："别告诉老二了，他好着急。"从收到电报、请假到抵达火车站，我一共用了不到一个小时的时间。但是再快，也得熬过在火车上的漫长一宿，十多个小时之后，我终于挨到了济南。再从火车站小跑回家时，得知母亲已走了多时，我掩面悲伤，欲哭无泪。

如今，近四十年过去了，火车从蚌埠行驶到济南，仅仅需要一个半小时，时空距离大大缩短。2007年4月18日，首趟时速200公里动车组列车在上海站始发，我国由此迈入动车时代。如今，时速350公里的"复兴号"高铁动车组越来越多。这样的速度和效率，在几十年前是怎么也不敢想象的。

走遍世界人未老

编者的话

  每年有过亿人次的中国游客走出国门，体验世界各地的文化和生活。改革开放带给人民生活的巨大变化、中国对世界经济增长已达约30%的贡献率，在一次次"说走就走"的行程中生动呈现。

  "雄赳赳，气昂昂，跨过鸭绿江，保和平、卫祖国，就是保家乡。"1952年，叔叔崔汝湘唱着这首歌，斗志昂扬、视死如归地开赴朝鲜前线作战。这是我们家祖祖辈辈第一位迈出国门的人。

  时光流转，到我们这一辈，踏出国门，已全然没有了父辈那般的慷慨悲壮，已成为感受世界风情、追求生活品质的一种途径了。出国的目的地也逐渐遍布世界各地。在这个过程中，20世纪80年代末，集异国风情、气候适宜、饮食习惯相近等优势的东南亚国家，成为百姓出国首选。1988年，泰国更是成为最早向中国游客开放的境外游国家。

  1992年12月31日，我第一次境外游目的地就是泰国。在同行者中，许多人是第一次坐飞机，而我原来在空军部队当过兵，对坐飞机和飞行知识并不陌生。在飞行旅途中，我成了他们眼中的"百事通"。一位同事用餐过后，悄悄凑到我耳边问："这刀叉他们飞机上还要不，

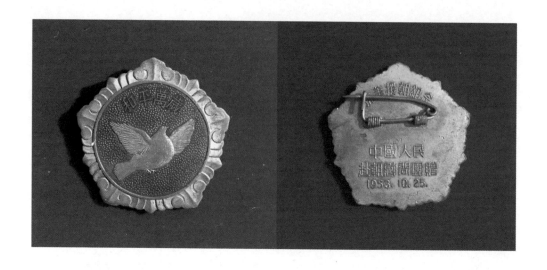

不要的话我想带着走，留个纪念。"我回答他："你的这个问题还真把
我问住了。"

　　落地后，虽然是跟团游，整个旅游过程均是浮光掠影的"到此一
游"，但是我们依旧能感受到异国他乡的魅力和精彩。在泰国，我还
第一次见识到高速公路的速度和效率。没想到，一年以后，咱们山东
人也有自己的高速公路了。《大众日报》登出了一条让人振奋的消息：
"1993 年 12 月 18 日，山东省的第一条高速公路济青高速公路建成通
车。"

　　到了外国人的"地盘"上，我们就像刘姥姥进了大观园一样，状况
百出。1993 年，我们要飞米兰，经罗马中转，因没有随团翻译，在罗马
机场落地后，一个外国字都不认识的我们走错了出口，于是，手脚并用、
各种比画，急得大汗淋漓还是不得要领，在机场逗留了两个多小时。还
有一次，为了参加一次商业谈判，出国前我专门到出国服装服务部做了
一套当时风靡全国的"双排扣西服"，又搭配上花衬衫、紫色领带和黑
色皮鞋……这样奇怪的配色，孩子们说，你这个打扮有点"茅哥"（济南

话"老土")。我至今仍然不忍直视当时的留念照片。

还有一件被现在年轻人称为"囧事"的事，让人至今记忆犹新。2006年1月份，我去世界历史名城希腊首都雅典，在参观雅典卫城时，我捡起了一块拇指肚那么大的石块放进裤兜，想当作纪念。结果一位女工作人员神情严肃地径直向我走来，盯着我叽里咕噜说了一大串希腊语。见我没会意，她指指我的裤兜，我才恍然大悟，连忙掏出石块

1.	2.

1 | 1953年10月25日，抗美援朝纪念章
2 | 1993年9月5日，在意大利罗马（尹希忠 摄影）

交给她。那时那刻，我感到无地自容，但面对她的批评和指责，我又心服口服，深受启迪。对把保护文化遗产当成第一位的希腊人民来说，石头就是他们的文物古迹。这也能解释为什么在希腊仅仅13多万平方公里的土地上，却有14处遗存被联合国教科文组织列入世界文化遗产名录，两处被列入世界文化和自然遗产名录了。

在国外，有诸如此类无地自容的尴尬时分，也有引以为荣的自豪时刻。2001年6月，在美国读研究生的女儿毕业了，我和老伴应邀出席毕业典礼。典礼过后，我在美国待了三个多月的时间，陪陪女儿，也顺道旅游。在那段与美国亲密接触的日子里，我惊奇地发现，美国的超市里、美国人的生活中，随处可见"Made in China"的字眼。一个美国普通家庭里，俯仰间都躲不开来自中国的各种商品，"Made in China"就挂在衣橱、鞋橱里，"Made in China"就摆在书桌上，"Made in China"就在孩子的手掌心被快乐地把玩。

这一幕幕，让我深感：假若有一天美国人离开了"Made in China"，生活可能要寸步难行。就连我去世界第一大跨国瀑布尼亚加拉瀑布用的一次性雨衣，也是中国制造的。当时游览结束之后，游客陆续将雨衣扔进一个垃圾桶。我看到雨衣上也标着"Made in China"，就没舍得把它扔掉，随即揣在包里，回国时我把它塞进了行李箱。在我看来，那"Made in China"的标签，虽不显眼，却足以彰显中国改革开放以来的巨大成就，足以彰显中国在世界大家庭中不可替代的力量。

1.

2.

1 | 2006年2月10日，在希腊爱琴海湾埃伊纳岛上的阿菲亚女神庙前（杜军 摄影）

2 | 2011年5月20日，女儿留美读研毕业

2016年9月21日，在新加坡（崔磊 摄影）

改革开放让中国强大了、富足了，中国游客在境外市场的购买力也随之变强了。看到电视上，咱们中国人在国外除了购买各种奢侈品，连电饭煲、马桶盖甚至感冒药都从国外买。看到这一点后，我苦思冥想，努力回忆1992年去泰国时买了些啥，想来想去只有一个钥匙扣。那个时候收入水平着实有限，临回国时，对给亲朋好友捎什么既经济实惠又有纪念意义的礼物这个事儿，我还着实费了一番思量。最后，我给他们一人买回了一个特色钥匙扣。过了不到十年，2001年我去美国旅游时，已明显感觉到花钱从容了，给亲朋好友带回的礼物中已有18k金首饰之类的贵重物品了。20世纪90年代初，一到吃饭时间，就得眼巴巴地等着旅游团的那顿饭。自己出去吃的话，一方面消费不起，另一方面也不知道去哪里消费。21世纪之初，去美国旅游时，我们已经可以按照个人口味，挑选自己喜欢的中餐厅用餐了。

老地图：解码城池之变

编者的话

　　地图是空间地理信息最直观的表达方式。崔兆森收藏有各个时期的济南地图，留下了城市不断变大的鲜明佐证。

　　我还算得上是一位"地图迷"，经常盯着一张地图看上很长时间。我对地图的兴趣可追溯到上小学时。有一次，老师在课堂上提问："中国地势向哪里倾斜？"在这之前，我早就关注过中国地形图，便举手回答："由西北向东南倾斜。"老师很满意，当堂表扬了我。这更激发了我对地图的兴趣。成年参加工作后，每逢出差，我都会第一时间买一张当地的交通旅游图，回到家后就把它们都收藏起来，现在收藏了几百张不同城市不同时期的交通旅游图。

　　地图，在我看来，是对一座城市旮旮旯旯细致入微的刻画。无论一座城在时空长河里发生了怎样翻天覆地的改变，这些变化都会归结、体现到一张地图上。我从小在济南长大，中华人民共和国成立70年来，它的城市空间不断拓展，城市本量不断增大。与之相伴的是，不断更新换代的济南地图。我收藏了济南从20世纪30年代一直到21世纪以

叠印后的旧居方位图（黑色为拆迁前，绿色为拆迁后地图）

来的许多地图。对比这些地图，特别是将时间锁定在改革开放这四十年里，我们就能明显地看出济南一路走来，经历了市区面积不断扩大、城市容貌深刻巨变的过程。这种巨变的速度和频率，让我这个自以为对城市很熟悉的"老济南"，都着实有点跟不上节拍了。

在我收藏的1982年版《济南市区交通图》中，济南只有四个区，即历下区、市中区、槐荫区、天桥区；在1995年4月份出版的《济南市交通旅游图》中，济南城区又增加了历城区。21世纪以来，济南扩容城市空间的大动作频仍——2001年，长清撤县设区；2016年，章丘撤市设区；2018年6月，济阳撤县设区；2019年新年伊始，莱芜并入济南……如此这般，济南市的面积相当于100公里的见方达1万平方公里，正大跨步迈向大城市。每一个脚步，都被忠实地记录在一方地图中。

地图上一些貌似不起眼的附录内容，也成为阅读和感知时代发展的"蛛丝马迹"。例如，济南的公交网络变迁就被定格在一版版济南地图当中。1982年版的《济南市区交通图》附录记录了济南当时的18条公交线路。到了1995年4月出版的《济南市交通旅游图》，公交线路已发展到27条，其中包括101、102、103路三条电车线路。21世纪以来，在2001年版济南地图里，济南公交线路已突破了100条；2008年时，济南已有10条BRT线路，快速公交独立成网；到了2016年，济南已有纯电动公交线路和高峰通勤快速巴士了；2018年，济南更是有了可以钻隧道、上高架的BRT了；2019年，地铁开通。城市倾力织就的四通八达的城市公交网络，为百姓出行提供了最方便快捷、最经济实惠的选择。殊不知，改革开放伊始，坐趟公交车对老百姓来说，可以算得

1.

2.

1 | 1996年，济南公交线路
2 | 1980年，济南公交线路

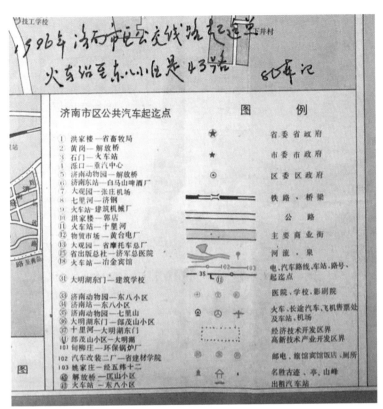

济南市区公共汽车起迄点　　　图　　例

① 洪家楼—省畜牧局
② 黄岗—解放桥
③ 石门—火车站
④ 泺口—重汽中心
⑤ 济南动物园—解放桥
⑥ 济南东站—白马山啤酒厂
⑦ 大观园—张庄机场
⑧ 七里河—济钢
⑨ 火车站-建筑机械厂
⑩ 洪家楼—郭庄
⑪ 火车站—十里河
⑫ 物贸市场—黄台电厂
⑭ 大观园—省摩托车总厂
⑮ 省出版总社—济军总医院
⑱ 火车站—冶金宾馆

㉛ 大明湖东门—建筑学校

㉝ 济南动物园—东八小区
㉞ 济南动物园—东八小区
㉟ 济南动物园—七里山
㊱ 大明湖东门—郎茂庄小区
㊲ 十里河—大明湖东门
⑪ 郎茂山小区—大明湖
101 匈柳庄—环保锅炉厂
102 汽车改装二厂—省建材学院
103 姚家庄—经五纬十二
㊸ 解放桥—区山小区
㊹ 火车站—东八小区

省 委 省 政 府
市 委 市 政 府
区 委 区 政 府
铁 路、桥 梁
公 　 　 路
主 要 商 业 街
河 流、泉
电、汽车路线、车站、路号、起迄点
医 院、学 校、影 剧 院
火车、长途汽车、飞机售票处及车站、机场
经济技术开发区界
高新技术产业开发区界
邮电、旅馆宾馆饭店、厕所
名胜古迹、亭、山峰
出租汽车站

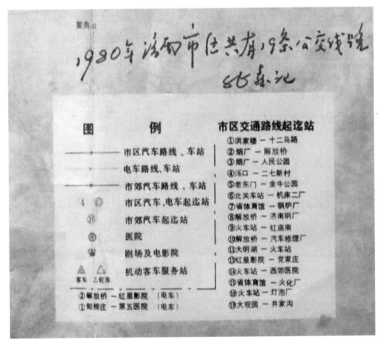

图　　例　　　市区交通路线起迄站

市区汽车路线、车站
电车路线、车站
市郊汽车路线、车站
市区汽车、电车起迄站
市郊汽车起迄站
医院
剧场及电影院
机动客车服务站　客车　三轮车

① 洪家楼 — 十二马路
② 烟厂 — 解放桥
③ 烟厂 — 人民公园
④ 泺口 — 二七新村
⑤ 老东门 — 金牛公园
⑥ 北关车站 — 机床二厂
⑦ 省体育馆 — 锅炉厂
⑧ 解放桥 — 济南钢厂
⑨ 火车站 — 红庙南
⑩ 解放桥 — 汽车修理厂
⑪ 大明湖 — 火车站
⑫ 红星影院 — 党家庄
⑬ 火车站 — 西郊医院
⑭ 省体育馆 — 火化厂
⑮ 火车站 — 灯泡厂
⑲ 大观园 — 井家沟

② 解放桥 — 红星影院　（电车）
① 匈柳庄 — 第五医院　（电车）

上一件十分奢侈的事。不遇到急事、不到万不得已，老百姓不会去坐公交。就算坐公交车，也得"掐两头，留中间"，这边走走少坐一站，那边早点下车再省一站。四十年转瞬即逝，坐公交车已是最平常不过的事情，60岁以上的老人乘车就能半价优惠，65岁及以上老人还能免费乘坐。我们真的赶上了最好的时代。

在一版版更新换代的济南地图上，现代化小区雨后春笋般拔地而起，曾经熟悉的老街老巷却日趋减少。有些老街消逝了，只能在老地图上找旧踪；有些老街依旧还在，只是换上了更动听、时尚的新名。大城在变，小家也在变。这些年里，我家频繁更换住址：20世纪50年代，我家住在经六路279号，后来我们搬到了经四路纬一路东，再后来我们搬到小纬六路南街60号，在此住了将近40年直至旧城改造拆迁。1996年，我家又搬回小纬六路南街原居所附近。

那时的新版地图，"小纬六路南街"已然消逝。对此，我心里有说不出的失落，有一种找不到家的感觉。就在那一刻，有个念头萌生了。2004年10月，我贸然去山东省地质勘探研究院，找到工作人员，询问能否给我一张拆迁前小纬六路南街区域的精确地图。工作人员见我要地图并非商用，就给了我一张。拿到地图，我如获至宝，选了拆迁前地图和拆迁后地图中三个不变的地点，用三点叠映的方式终于找到了原来的"小纬六路南街60号小院"在新版地图上的确切位置。

时代在发展，科技在进步，计算机技术推动了数字地图的出现。近几年来，我也跟随潮流，在智能手机安上了高德地图、百度地图等数字地图APP。相比传统纸质地图，这些数字地图没有幅面限制，更新速度快，信息量大了太多太多。其智能导航系统更是成为驾车人士的一大"法宝"。不光年轻人喜欢它，我们这些老年人要聚个会，"从微信里发个位置"成为必不可少的规定动作。

我家的照相进化史

编者的话

崔兆森珍藏着三张照片，分别是少年、中年、老年时的他抱着孩子的照片。虽动作相似，但时空迥异。在时空转换之外，照相也经历了由黑白到彩色、由胶片到数码，由奢侈消费到大众消费的转变。

遥远年代里，照相是个稀罕事儿。1952年11月2日，父母带着5岁的我，在经三路纬四路的皇宫照相馆拍了第一张照片。1958年时，我已11岁了。这年的6月26日，是妹妹出生100天。在这之前，父母筹划着给妹妹拍一张"百日照"，还让我和妹妹一块去照相。提前一个星期，我就开始做各种准备，刷好、晾干我的球鞋，找出白褂子、蓝裤子。6月26日当天，我没参加学校的课外活动，早早地赶回家里，换上衣服和鞋子，系上红领巾，等着父亲回来带我们去拍照。

母亲以还得伺候家里的晚饭为由没去，今天再回想起来，应该是不舍得去照张相。那个时候，照相是一件非常奢侈的事情，一张一寸照片得花四毛五，二寸的要八毛。这八毛钱，够一个人吃三天的了。

母亲给妹妹穿好衣服、垫好裤子的工夫，父亲也从单位上回来了。他抱上妹妹，叫上我，我们就出了家门。父亲大步流星地走在前面，我小碎步紧跟其后，走了近20分钟的路程，到了位于大观园商场

的大北国营照相馆。当时，整个济南有六七家照相馆，经三路纬四路有个皇宫照相馆，经二路纬四路有个良友照相馆，城里百货大楼斜对面有明湖照相馆，经三路小纬六路有个鸿文照相馆，光大观园这边就有两个，西边这个叫科美照相馆，东边这个叫大北照相馆。

正值六月暑天，我们都走出了一身汗。父亲在一楼交上钱之后，我们仨来到二楼。父亲把妹妹放在特制的高脚宝宝椅上，然后躲在椅

	1.	2.

1 | 1952年11月2日，父母和我在济南皇宫照相馆，这年我5岁
2 | 我收藏的室内木箱照相机（郑涛 摄影）

子后面，伸出手来扶住妹妹。照好妹妹的单人照，父亲又让我抱着妹妹拍了这张合影。

那年月，照相馆也兴提前"看版"，就跟今天年轻人在影楼拍婚纱照后看小样大同小异。从照相后的第三天起，人们就可以去看版了。人如若闭眼了，还可以免费重照。那个时候，所有照片都是黑白的。想要彩色的也可以，需要另加钱，在黑白照片的基础上再用颜料人工着色。

改革开放之前，照相都是一件奢侈的事情。国家还将照相机定位为"奢侈品"，把它列入了"限制集团购买"的名录。一般企事业单位如果要购买照相机，需要层层审批，由省级有关部门最终批复才可以使用公款购买。

改革开放之后，老百姓家里逐渐配备了"傻瓜"相机，城市里随处可见黄色柯达、绿色富士、红色乐凯的广告标识，扩印机成了照相馆最重要的生产设备，人们从来没有像那个时期那样，成卷成卷地扩印照片。此时，照相已没有了五六十年代的隆重感和仪式感，已逐渐成为百姓生活的新常态。1986年10月3日，我抱着妹妹的女儿季璐，在家里用妹夫的相机拍了一张5寸彩色照片。

20世纪90年代中后期，数码相机零星冒头，初探市场。星星之火可以燎原，21世纪之初，数码相机终于战胜了胶片相机，取得了决定

1.	2.
3.	

1 | 1958年6月26日，我抱着出生100天的妹妹崔兆丽

2 | 1986年10月3日，济南市场上刚刚出现彩色胶卷，我在旧居院中抱着妹妹崔兆丽的女儿季璐（季良 摄影）

3 | 2013年2月10日，用手机拍摄的我抱着妹妹崔兆丽的女儿的女儿李加一的照片。我当即发到了微信朋友圈中

性胜利。我们遗憾地看到，到了数字时代，许多知名照相器材品牌却因没有及时调整技术战略而纷纷败阵下去。宝丽来相机就是其中之一。

我对宝丽来的最初认知，源于1981年一位外国友人为岳父拍下的一张照片。当时，岳父正在千佛山脚下拉京胡，周围有很多票友跟着唱。在外国友人用宝丽来相机定格下这一幕后，照片随即就像变魔术似的被相机"吐"了出来，连底版都没有。外国友人轻轻甩了几下照片，就递给了岳父。在旁边站着的人都看呆了，啧啧称奇。

时间到了2001年。这一年，在美国读研究生的女儿毕业了；这一年，"即拍即得"的宝丽来相机停产了，美国宝丽来公司随即破产了；这一年，去美国参加完女儿的毕业典礼之后，我和老伴在美国住了三个月。在这期间，每逢周末，我都会到当地跳蚤市场上去"淘宝"，前

前后后淘回了十多台宝丽来相机，纪念一个时代的逝去。后来办家庭博物馆时，我把它们都放进了博物馆。

　　21世纪以来，数码照相机早已飞入寻常百姓家。与此同时，手机的成像质量越来越高，人们可以随时随地举起手机，定格生活中的精彩瞬间。2013年2月10日那天，距我抱着妹妹女儿照相的55年后，我抱着妹妹女儿的女儿用手机拍了一张照片。

1.	2.

1 | 我收藏的宝丽来"拍立得"相机（杨超 摄影）

2 | 1983年8月24日，我家三代人在旧居小院中的全家福（郝蔚 摄影）

　　拍下这张照片之后，我马上把它传到了家庭微信群。在海外生活的女儿第一时间查看并点评了照片。2013年这年，咱们国家的微信用户人数已达到3亿。微信的存在，让照片"即拍即得"的同时，实现了"即时传播"，这是新时代里的关于照相的最新故事。

彩色胶卷：定格时代的彩色记忆

编者的话

　　改革开放之后，彩色胶卷让中国百姓生活里有了彩色记忆。后来，伴随数码相机的强势崛起，彩色胶卷悄然画上了句号，也定格在老照片中，成为一段不可挥去的历史。

　　20世纪60年代，去照相馆照张相，可是笔不小的开支。照张一寸黑白的要四毛五，两寸黑白的得八毛钱。八毛钱，在那个年代，可是一个人三天的口粮钱。直到1965年，要送哥哥去甘肃支边，我们全家才照了第一张黑白的全家福。照相那天，全家人穿戴整齐，端坐在背景布前，在蒙进深色绒布的摄影师的启发和诱导下，大家不知如何聚焦的眼神终有所依，不知道往哪里放的手和脚也俨然归位，等到摄影师一声令下，家人同时朝着那台庞然大物照相机龇牙咧嘴，绽放笑容。我们家的第一张照片就这么生成了。2015年，我办家庭博物馆时，又把它放大了一张，挂在显眼位置。

　　改革开放之前，人们照相都是黑白照片。其实，就算还原成彩色照片，也是一片衣着暗淡。那是一个"衣同装"的年代，往街上那么打眼一瞧，人人穿得色泽单调，整齐划一，无外乎蓝、黑、灰、绿几个颜色。改革开放之后，电影在引领和提升百姓的穿衣方式和着装理念方面发挥了不可忽视的作用：1980年，电影《庐山恋》中，张瑜为了

表现剧中华侨的时髦，先后换了43套服装，穿出了性别，穿出了自己；1985年，《街上流行红裙子》热映过后，街上的红裙子真的多了不少。女青年们笑容满面，红裙翻飞，释放着对美与时尚的认知和感悟。巧的是，也就是在同一年，乐凯第一代彩色胶卷、彩色相纸适时面世了，它宣告了彩色影像时代到来、黑白影像时代结束的同时，更恰逢其时地呼应了人们正在萌发和上升的审美欲求。

　　眼睛瞎过，才知道太阳的光芒有多重要；耳朵聋过，才真正明白声音的力量。从黯淡无光的黑白时代走向炫目多姿的彩色时代，人们的兴奋之情溢于言表、见诸行动，"彩照热"迅速席卷神州大地，彩色胶卷店、彩扩店里都排起长长的队伍。当其他大城市还得将彩色胶卷

1.	2.	3.

1 | 1983年9月17日，我的第一张彩色照片，摄于厦门鼓浪屿（杨浩然 摄影）

2 | 1981年12月31日，女儿第一张彩色照片曾刊载《安徽画报》1981年第6期。题目：《甜》（孙自镁 摄影）

3 | 20世纪80年代中期彩色胶卷进入市场（郑涛 摄影）

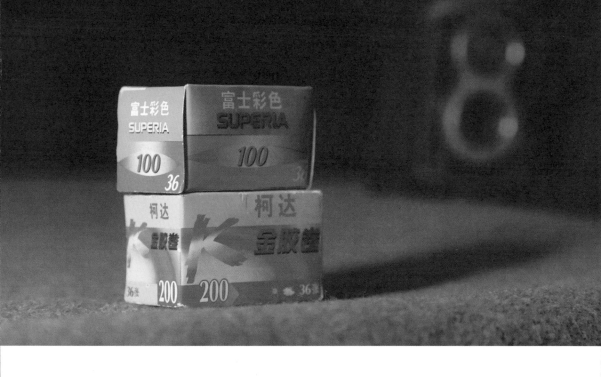

收集起来寄到深圳去冲扩洗印时，1987年，在济南，位于舜井街的山东画报营业部开店纳客。这是省城第一家可以照彩照，冲洗、喷绘彩照的地方。面对彩色照片时代的轰然而至，老百姓热情高涨，营业部门前车水马龙，一天到晚人头攒动。来照相的人，衣着有了色彩，带了光泽，远远望去，真像盛放在百花园里的花束。

营业部里到处需排长龙队，放胶卷排队，取照片排队，交钱也得排队。有济南当地的顾客，也有从全省各地、周边省市奔波而来的客人，他们抹去头上的汗珠，从腰包里掏出被汗水捂湿的一沓钞票，快速递给营业员。面对络绎不绝的顾客，山东画报营业部的营业员轮班倒换，奔走到腿抽筋，数钱到手抽筋。事实证明，他们奔波和忙碌是值得的——当女青年们看到自己彩色倩影的那一刻，眼睛里都是发光、发亮的。

2011年9月23日，我实现了"走遍中国"的梦想（杨超 摄影）

　　面对彩色时代的突然造访，我想用一种独特的方式纪念。1992年，我花了一千多元钱，买了一部傻瓜照相机，安上彩色胶卷，利用业余时间，我的脚步迈向了全国的34个省、市和自治区，照回来一个又一个胶卷。这些彩色胶卷，记录了祖国的山川秀丽、多姿多彩，也记录下我站在所到之地标志性地标前的成就感和满足感。从20世纪80年代中期，我在黄山天都峰留念开始，直到2011年，我到黑龙江哈尔滨市索菲亚教堂为止，"走遍中国"的梦想一朝实现。在我的同龄人中，在当时的交通条件下能走遍中国34个省级行政区，为数不多。

　　在游遍中国的过程中，台湾之旅印象深刻。之所以这样说，一是因为宝岛台湾的旖旎风光，二是因为赴台旅途的曲折漫长。2007年3

月，乍暖还寒之时，我们一行几人，从济南机场起飞，先后辗转到北京、香港，6个小时过后，落地菲律宾，在经过近12个小时的漫长等待后，终于再次起飞，飞到了台北机场后，落地签证。来自台湾的导游把我们的护照收起来，发给我们人手一张"台湾地区出入境许可证"。根据编号得知，我是第2029999位入台的大陆居民。

在台湾停驻期间，我们去了几十年前出现在语文课本里的日月潭。很少写诗的我，还兴之所至，赋词一首。时间已经过去了十多年，直到今日，我依旧感慨，如果没有改革开放，我们怎能有机会跨过那一湾浅浅的海峡！今生没想到能去台湾。

鹧鸪天：兆森台湾游感

余生未想游宝岛，
拨雾看花夙愿了。
水不深　火不热，
同族同宗是同胞。

确信"台独"事难成，
三民不若两制巧。
合久分　分久合，
渠成自然顺水到。

在我赴台后的第二年，2008年12月15日，从这一天起，备受海内外关注的两岸空运直航、海运直航和直接通邮正式启动。两岸开通空中双向直达航路后，两岸旅行空中行程缩短了一半，大陆居民去台湾旅游更加方便快捷了。

2000年之后，数码产品如潮水般涌入人们生活。在数码产品的猛烈冲击下，传统胶卷终究难逃被淘汰的命运。曾经的"三巨头"黄柯达、绿富士、红乐凯昔日风采不再，纷纷停止了彩色胶卷的生产。至此，彩色胶卷宣告退出历史舞台，标志着一个时代的终结。2002年，我也与时俱进地换掉了胶卷相机，买了一个佳能的数码相机。

附：有了彩色胶卷后，崔兆森"走遍中国"年份记录

1984年10月11日，安徽黄山天都峰；

1988年4月14日，山东泰安泰山极顶；

1992年5月11日，陕西西安秦始皇陵；

1994年8月18日，广东广州越秀公园；

1995年6月11日，澳门特别行政区大三巴牌坊；

1995年9月2日，河南洛阳龙门石窟；

1997年11月9日，河北承德避暑山庄；

1998年7月12日，辽宁沈阳故宫大政殿；

1998年11月6日，北京天安门城楼；

1999年1月20日，上海外滩；

1999年5月27日，湖北武汉黄鹤楼；

2000年4月17日，浙江杭州西湖三潭印月；

2000年4月23日，海南三亚天涯海角；

2000年4月28日，吉林长白山天池；

2000年11月4日，广西桂林；

2002年4月15日，江苏南京中山陵；

2002年6月29日，云南大理崇圣寺三塔；

2002年8月22日，重庆长江三峡；

2003年3月15日，宁夏银川西夏陵；

2003年3月27日，山西平遥古城；

2007年3月27日，在日月潭（王增强 摄影）

2003年3月17日，天津南开学校遗址；

2003年7月9日，西藏拉萨布达拉宫广场；

2003年9月20日，湖南张家界；

2004年3月15日，香港特别行政区回归广场；

2004年4月6日，四川九寨沟；

2006年8月29日，新疆维吾尔自治区天池；

2006年8月30日，甘肃敦煌莫高窟；

2006年9月1日，青海青海湖；

2007年3月23日，宝岛台湾日月潭；

2007年5月21日，贵州黄果树大瀑布；

2007年11月17日，福建武夷山；

2009年9月22日，内蒙古自治区鄂尔多斯成吉思汗陵；

2011年9月19日，江西南昌滕王阁；

2011年9月23日，黑龙江哈尔滨市索菲亚教堂。

"有事您呼我！"

编者的话

20世纪90年代，别在腰间的BP机可是个吸引眼球的存在。那个时候，无线寻呼业务风光无限。人与人之间临别掷出的那句"有事您呼我"，更是风靡一时。然而，它匆匆地来，又匆匆地去，这个别在腰间的传奇，终究成为匆匆过客，成为昙花一现的时代记忆。

20世纪90年代初期，"一呼天下应"的BP机如同天外来客，骤降到我们的生活中。1992年，我买了一部数字BP机，号码是11030。末尾这个"30"，代表这是济南第30台BP机。物以稀为贵，即便是只能显示数字，当时它的价格再加上入网费也花费了近2000元。

腰间传来蛐蛐儿叫时，就是有信息进来了。低头一查，屏幕上显示出一串电话号码或者一行数字代码。如果是前者，就得就急溜溜地到附近找部公用电话，按号码回过去；如果是一串"密电码"似的数字，就得掏出随身携带的"密码本"，仔细对照一番。那个小本上，有常用短语、姓氏人名的数字代码，一番对照之后，也能一目了然。

1993年，我换了一部摩托罗拉的汉显机。这下好了，来了信息都是简明扼要的汉字，再也不用跑去找电话或者掏"密码本"了。说起"随时随地传信息"的摩托罗拉，那时候十个BP机中，得有九个是这个

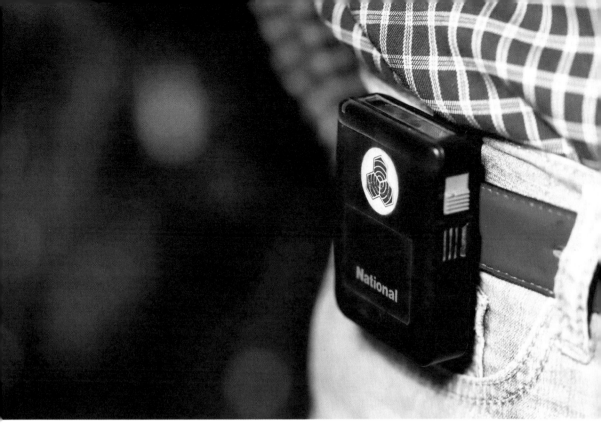

最初的数字BP机（郑涛 摄影）

牌子的，霸主地位无人可撼。

BP机来了，"大哥大"来了，移动即时通信时代就到了。我们慢节奏的生活一下驶进了"快车道"。有了汉显功能之后，BP机更添神通，不论是天气预报、新闻发布还是股票行情，都可以一揽子输送。在BP机的大量拥趸中，股民数量可观。对他们而言，有了这腰间小物，就不用再跑到股票大厅饱受人潮拥挤了。

BP机的出现，造就了诙谐的时代风情画卷。在最初时光里，一群人中谁的腰间"滴滴滴滴"声起或震频强烈，周围的人就会寻声找过去，并投之以羡慕眼光。后来，伴随BP机的普及和大众化，人们又平添了一种"幸福的困扰"——机子可选铃声太少又多有雷同，在公共场合铃声一响，会有好多人同时条件反射地低头查看。一个单位内部，一到下午时间，更是听取"机"声一片。这个繁忙的小"信使"，不知疲倦地递送着家长里短——晚饭吃什么，家里缺什么，下班在哪儿……

每逢重大节日，BP机又有了新的功用。那几年的除夕夜里，我的BP机就一直没断了声响，一条条情真意浓的祝福信息，轻轻划过那窄窄绿绿的显示屏，传递到我的节日时空里。也就是从这个时候开始，人们开始仔细思量如何在有限的表述空间里无限传达情意，这为以后手机短信功能应用开发，埋下了充分的伏笔。

谁也没有想到的是，花了好几千块钱买的寻呼机，短短几年时间后，就如同"鸡肋"了。1995年，我买了手机之后，传呼机就被扔进了抽屉。在BP机正式谢幕走进历史之前，股民们再次众人拾柴，BP机又经历了一次难得的发展小高峰。2006年的牛市期间，济南股民又翻出了尘封已久的BP机，一个月向济南仅存的珍珠信息台交费10元，就可以每天读到"股价""股评""技术指标""公司研究""股票分析"等多条信息。那段时间，珍珠信息台的客户数量陡然骤增，从几千人猛增至近两万人。

青山遮不住，毕竟东流去。市场很快证明，这次小繁荣竟是BP机的"回光返照"。在陪伴股民走过牛市狂欢之后，BP机转年去就销声匿迹了。2007年，BP机正式退出历史舞台，成为别在腰间的时代传奇。

"大哥大"的江湖往事

编者的话

    改革开放之初，摩托罗拉在中国设立办事处，漂洋过海而来的移动电话有了个入乡随俗的霸气名号——"大哥大"。由此，中国正式步入移动通信时代。放眼彼时，"大哥大"领尽风骚，如今虽隐退"江湖"好多年，但"江湖"上一直都有它的传说。

    1992年，我被任命为山东省人民银行金店经理。整个20世纪90年代，黄金业务好得不得了，1993年时曾出现过一次"黄金首饰抢购风潮"。金店早上一开门，来买黄金首饰的人早已依次排开长长的队伍，远远望去，得有五六十米长。那个时候，黄金首饰只要上柜，就不愁卖不掉。人们怕买不上，还经常托关系找我要首饰票。仅1993年那一年，我们金店就卖掉了一吨半的黄金首饰。

    那时候，我们每隔一段时间，就要带着金板飞一趟深圳，找当地的首饰加工厂，把大块金板加工成小巧、精致的黄金首饰。一开始，我们要申请让保卫部门派专人带枪帮我们押运黄金。后来，业务量不断加大，我们就自己想办法，事先把两块金板分别放在两个破旧编织袋子里，用粗绳子绑住袋口，一手拎一个，如此伪装一番。途中若遇路人询问，我们就统一回答是机器零件，参展用的。为了便于出差人员同店里联系，1992年9月16日，领导同意并给金店配备了一部模拟蜂窝电话，也就是俗称的"大哥大"。

拿到"大哥大"后，通体打量一番，就会发现，"大哥大"这可不是浪得虚名的。首先，它的块头大得让人咂舌，机身长三四十厘米，重量起码也得一两斤。其次，它的价格高得离谱，2.1万元，再加上入网费1.8万元，总共近4万元。通话时，要事先拔出它半尺长的天线。即便有长长的电话线助力，它的通话质量也着实不佳。如若听到打电话的人突然站起来了，来回挪动，千万别以为是他耍威风、发脾气呢，喊是为了让那边听得更真切，走来走去是为了寻找信号最佳点。由于块头大，"大哥大"充满电时也只有三十分钟的通话时长。另外，它的话费极贵，一分钟一块钱，就相当于一边说着话，一边从口袋里往外掏钱。

如此种种，瑕不掩瑜，"大哥大"依旧是"大哥大"，依旧是触动心头的那一痒。人们谈生意时，把它往桌上那么一放，就像押上了富贵的筹码和权杖，谈判也仿佛由此变得轻松。当然，我们金店配置"大哥大"的初衷，绝不是为了显山露水、张扬身份，而是看中它的即时通话的"神通"。就像那则广告里说的那样，主要是为了"有了大哥大，走遍天下都不怕"。有了它，在外人员和公司可以随时保持通话，虽相隔千里，却仿佛长出了"顺风耳"。

作为金店负责人，我总是告诫拿着"大哥大"在外跑路的年轻人，凡事切忌张扬，在外一定要低调、沉稳。即便如此，"大哥大"还是有遮也遮不住的光芒，让使用者因此被瞩目，甚至为他们招来一些让人哭笑不得的事端。1994年冬天的一天晚上，店里员工李颖星和另一位小伙子出差回济路上，路过德州，见天色已晚，两人准备不再赶路，就地住下。按照金店管理规定，他们将"大哥大"等贵重物品封存进宾馆服务台保险箱，并跟我报平安之后，就入住一个四人房间。也许是他们身着军大衣，尤其是李颖星剃着光头、手拎"大哥大"的形象反

1992年，买这一部大哥大要39000元（郑涛 摄影）

差，引发了旁人的注意。半夜里，他们睡得迷迷糊糊的时候，被两位深夜造访的警察叫醒了。

"你们是哪里的？"警察问。

"省人民银行金店的。"两人齐声回答。

"你们的'大哥大'是哪来的？"警察问。

"我们经理崔兆森的。"

（我作为企业法人，购买"大哥大"时，登记的是我的名字。）

按照他们提供的线索，德州警方当夜给我打来了电话。

从BP机到手机（郑涛 摄影）

　　警察发现双方说得并无出入，消除了疑虑，随即就放了人。这算是使用"大哥大"的一个小插曲吧。"大哥大"带给我们的麻烦还远不止这一次。有一年，金店员工孙波在深圳中英街上通了一个电话，短短几分钟内，号码竟被旁人盗"刷"了过去。后来，我们收到了催缴五万多元电话费的单子。我一看都傻眼了，去打通话记录详单，见上

面显示的全是外国号码。后来我们才知道,"大哥大"使用的是容易被复制的模拟信号。

　　1998年3月24日,我买了一个爱立信手机。从那时起,移动电话就开始使用数字信号,再也不用担心号码被盗刷。但美中不足的是,这个手机依旧太大。我把它别在腰带上，下腰时老是被猛不丁地硌一下。

2001年1月22日，我更换了一个摩托罗拉的手机。这个手机可小巧精致多了，揣在兜里、拿在手里都很方便，而且有了短信功能。我开始埋头研究短信的用法，有些话不好意思说，有些时候不方便接听电话，发一条60个字短信就全部解决了。与此同时，我开始收集手机短信。为了记录一个时代的短信文化，我把那几年相互推送的流行短信全部手抄下来，总共有2800多条。它们有的让人温暖，有的让人捧腹，保留着时代的温度和鲜明的烙印。

2007年2月28日，一部三星世界风手机，开启了我的彩屏时代。更让人开心的是，用它编辑短信时，没有了60个字的限制。伴随彩屏而来的彩信昙花一现后，就迅速被智能手机里强大的微信功能所取代。我今年已经72岁了，手机竟成了生活里最离不开的物件。当面对越来越智能、越来越精致、越来越像电脑的智能手机时，人们还能遥想起当年身宽体胖、憨态可掬的"大哥大"来吗？

老式手表：在腕间镌刻时光记忆

编者的话

手表，是20世纪七八十年代中国人结婚"三转一响"中必备的"一转"。70年来，这一只只戴在国人手腕上的计时工具，蕴藏了太多镌刻时光的时代往事。

中华人民共和国成立初期，有钟表的人家不多，老百姓对时间的认知，源自济南东流水那边电灯公司的汽笛声。每天早晨六时、中午十二时、晚上六时，电灯公司定时拉笛，老百姓都是靠听那个来知道时间。

上小学时，老师腕上的手表成为我们得知时间的重要来源。那个时候，学校教育必须与生产劳动相结合。我们每天下午都有勤工俭学做手工劳动的安排，干的最多的是糊火柴盒。每到那时，我们总是期盼着老师的手表能走得快一点，期盼着早点下课。因为我们早就坐不住，心早飞到操场上了。

在一表难求的时代，能戴上手表的，大多是老师这样的知识分子或者公职人员，还有一些身着双排扣、大翻领"列宁服"的摩登女性。刚戴上手表的人，举手投足间不知不觉有了些微妙变化，总是喜欢挽袖子，还经常抬胳膊。就像当时那句顺口溜里描述的那样："穿皮鞋的走大道，镶金牙的开口笑，戴手表的挽三道。"

对手表，小孩也难敌吸引，但我们"发明"了画饼充饥的好办法——用原子笔（圆珠笔）在手腕上画手表。1958年，我上小学四年级时，圆珠笔刚刚面市，叔叔从上海给我捎回来的一只原子笔可派上了大用场。我把它带到学校，同学们就围上来让我画手表，直到把笔油耗尽。

父亲虽是老八路出身，因工作中把控时间之需，他曾有一块大罗马手表，戴了几年。后因奶奶去世，卖了贴补家用。或许是受了家庭影响，能拥有一块属于自己的手表，成为哥哥年轻时的一大心愿。自打哥哥去西北支援边疆建设后，我就一直想找机会给他买块手表。1967年5月，同学从他舅妈工作单位得知，济南的泉城钟表店里新进一些上海牌手表，他第一时间告诉了我这个消息。那时买一块手表，需要有手表券，再配上一定数量的工业券。我从家里拿了90元钱，再拿上早就准备好的手表券、工业券，火速去买回一块上海牌半钢手表。

从1955年开始，国家已能生产手表了。到了20世纪七八十年代，中国流行的手表品牌已有上海牌、海鸥牌、钻石牌等。咱们山东的聊城、烟台都有手表制造厂，济南当地也生产春燕牌手表。在所有国产手表里面，最出名的还是由周总理亲自"代言"、圆头白面的上海牌手表。这些国产老手表，或许没有太精湛的技术，也没有太新颖的设计，但精确记录了中国民族工业筚路蓝缕、开拓创新的坚定脚步，也承载了人们对那段时间的记忆和特定的感情。

1.

2.

1 | 1974年2月7日，我买的上海1524牌手表（郑涛 摄影）

2 | 买手表的日记、发票以及使用说明书

　　后来，哥哥从甘肃回来探亲时，把上海牌手表捎回西北。哥哥人缘好，又好说话，这块本属于他的手表成了全连的手表。很多战士凑过来跟他商量："俺戴戴行不？""行啊！你可不能给我弄坏了！"就这样，好多战士去他那里借手表戴几天过过瘾，连睡觉都舍不得往下摘，哥哥经常一周都见不着手表。

　　到我买手表的时候，已是1974年在部队提干之后了。一天，我看到部队服务社里新进了一批上海牌全钢手表。我其实早就想买块手表了，见机会来了，就准备好钱，又去跟指导员打了个招呼。因为那个年代，战士是不准许戴手表的，干部买手表也要领导批准。当时，一块全钢手表120元，花费了我两个多月的工资。对于这个随身携带的值钱大件，我自然是珍惜得不得了。每天晚上睡觉之前，我会用毛巾把表身擦拭一遍，上好发条，放在枕边，枕着"滴答滴答"声入眠。如此这般，周而复始，宛如一种神圣仪式一样。

　　手表的计时功能，是见证效率的最好方式。从1985年8月父亲住院起，我和哥哥轮流在空军医院伺候老爷子。晚上伺候父亲睡了，我就借着医院走廊的灯，开始学习高等教育自学考试的科目。一年半之后，我考出了11门科目，圆了大学梦。

　　中华人民共和国成立70年，手表已由最初的计时实用工具慢慢演变成一件彰显品位的饰品、一种表达情怀的工具。70年来，国家发生了天翻地覆的变化，年轻人也不必像我们过去一样为买一只手表而经历那么多故事了。

1.	2.

1｜于振强捐赠的济南产"春燕牌"手表、怀表（谭天 摄影）

2｜三"转"一"提溜"（郑涛 摄影）

有故事的行李箱

编者的话

　　崔家有三个有故事的行李箱。每一个行李箱背后都有一个广阔的大时代，都有一代人的勤勉和奋斗。

　　我们家第一个有故事的行李箱是父亲的皮匣。

　　父亲是渤海军区的老八路。他在后勤部门工作，对外称"新华公司"，给部队保障给养，筹粮、筹武器。那个时候，给部队购买给养时，不出解放区，可以用市面上流通的北海币交易，出了解放区，北海币就失去了用武之地。出解放区之前，父亲经常会把他的皮匣里装上金条、元宝、首饰，先去典当行里把这些贵重物品当了，换回银圆，以备交易时使用。

　　我父亲外出时，总有几个必备的行头：一顶大礼帽、一件礼服呢的大褂子、一副墨瓷眼镜（墨镜，编者注），当然最重要的还是那只用了多年的皮匣。出行过程中，这样的行头巧妙地遮掩了他八路军的身份，给他减少了很多不必要的麻烦。在那个年代，他最经常去的地方是山东胶东地区。若买的是武器，他就将武器通过海路运回部队；若买的是急需的珍贵药品，他就将药品放进皮匣，亲自带回来。

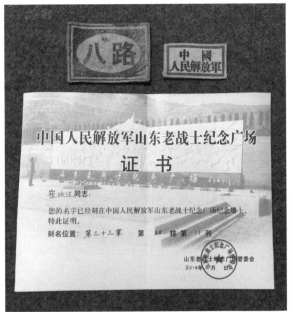

　　待硝烟四散而去、和平年代到来，父亲的皮匣回归了家庭。母亲把皮匣带回的那件父亲的礼服呢大褂子改短改小，给哥哥做了一件夹袄。哥哥穿着小了之后，我又穿着它上完初中。再后来，母亲又把它改成了一件坎肩给妹妹穿。那件用猪鬃材质织制而成的礼服呢衣物，无论以何种形态出现时，总是泛着孔雀毛一般绿莹莹的光，还有着不沾油、不变形的特性，在我们家接力相传，"服役"超过四十年时光。在接下来相当长的岁月里，父亲的那只老皮匣在家庭日常生活中扮演了孩子衣柜的重要角色。在那个大衣橱稀缺的年代里，它装下了我们几个寒来暑往的蔽体之服。

1.	2.

1｜1951年9月4日，父亲在山东军民政治部生产建设公司工作时的照片，摄于泰安
2｜2014年5月8日，父亲的名字镌刻在解放军山东老战士纪念广场的纪念墙上

1965年5月，送哥哥赴甘肃农业生产建设兵团前家人合影（济南鸿文照相馆 摄影）

　　我们家第二个有故事的行李箱是哥哥的柳条包。

　　说到这个柳条包，就不得不提到1964年在全国上映的大型纪录片《军垦战歌》和那首与电影同时风靡的插曲——《边疆处处赛江南》。"渠水滚滚流\红旗飘处绿浪翻\机车飞奔烟尘卷\棉似海来粮如山"歌词里描述的边疆画卷，极大地激励了青年一代踏上奔赴边疆、建设边疆之路。第二年，甘肃生产建设兵团来山东招收军垦战士，哥哥毅然决然地报名，决定奔赴祖国的大西北。那时，哥哥已经23岁了。面对即将远行的长子，母亲心有不舍又阻拦不得，父亲却认为男儿志在千里。临行前，哥哥自己去买回一个柳条包。母亲一下子给哥哥准备了三年的衣服，光裤头就那么厚厚的一摞。

　　1965年5月27日，哥哥启程的日子。那一天，济南火车站内锣鼓喧天，红旗招展，大喇叭里反复播放着口号和《边疆处处赛江南》的歌曲，站台里成了军绿色的海洋。当时，生产建设兵团在济南一共招收了800人，历下区、市中区、槐荫区、天桥区每个区各200人，每个区都有各自的车厢。包括哥哥在内的每一位新军垦战士，胸前都戴着大红花，个个意气风发，斗志昂扬，豪情满怀。

坐了四天四夜火车，6月1日，大部队终于到达了甘肃张掖。哥哥拎着他硕大的柳条包走出火车站。一个人出门在外，离家几千里，一个柳条包就是他的全部家当。在川流不息的人群中，大家拿在手里的行李也五花八门，有的背着包袱皮，有的提着简陋的手提袋。很少有像哥哥那样，拎着个这么规整的家什的。说起哥哥的柳条包，是他当时花了18块钱从济南当地供销社所辖土产店里买的。济南地处黄河沿岸，柳树遍地。这种柳条包就是当时农村一些生产大队里生产的副产品。由于是纯手工编织，不是工厂大批量生产，柳条包在百货商店里见不到，只能在个别的供销社或者土产店里才能买到。

这种柳条包非常抗造耐磨，不怕磕，不怕碰，摔也行，颠也行。在火车站花两毛钱，让人家用草绳子横一道竖一道打好包之后，就扔在火车上不用管了。慢慢地，柳条包成为军垦战士之中必备的、流行的装具。有谁回济南探亲的，总会捎两三个回来。哥哥最多一次捎过来五个。他们每次都不是捎个空柳条包回去。各家家长都心疼自家孩子，总是在里面塞进二斤大米、五斤面之类的。

我要说的第三个行李箱就是女儿用过的拉杆箱了。

1994年，女儿考上了北京广播学院播音系。那个时候，市面刚刚开始流行拉杆箱。为了给女儿准备行李，我去买了一个回来。9月7日那天，我们刚到北京火车站，拉着箱子没走出多远，拉杆箱的轮子就掉了一个。那个时候，火车站里还没有便民的行李推车。我一咬牙

我家三代人用的行李箱（郑涛 摄影）

把几十斤重的大箱子一下子扛到了肩上。那个时候，中国的拉杆箱生产还处于起步阶段，技术还不成熟。许多老铁路员工对20世纪90年代的春运记忆之一就是，每年春运过后，就会从火车站各个角落里清理出很多掉落的拉杆箱轮子。

四年的大学生活中，拉杆箱成了女儿往返途中最亲密的伙伴。随着时间的推移，拉杆箱有了更人性化的设计和更过关的质量。1999年，回国时使用的行李箱已有了万向轮的设计，允许脚轮水平360度旋转，拉杆箱时更加轻松方便。

曲，站台里成了军绿色的海洋。当时，生产建设兵团在济南一共招收了800人，历下区、市中区、槐荫区、天桥区每个区各200人，每个区都有各自的车厢。包括哥哥在内的每一位新军垦战士，胸前都戴着大红花，个个意气风发，斗志昂扬，豪情满怀。

坐了四天四夜火车，6月1日，大部队终于到达了甘肃张掖。哥哥拎着他硕大的柳条包走出火车站。一个人出门在外，离家几千里，一个柳条包就是他的全部家当。在川流不息的人群中，大家拿在手里的行李也五花八门，有的背着包袱皮，有的提着简陋的手提袋。很少有像哥哥那样，拎着个这么规整的家什的。说起哥哥的柳条包，是他当时花了18块钱从济南当地供销社所辖土产店里买的。济南地处黄河沿岸，柳树遍地。这种柳条包就是当时农村一些生产大队里生产的副产品。由于是纯手工编织，不是工厂大批量生产，柳条包在百货商店里见不到，只能在个别的供销社或者土产店里才能买到。

这种柳条包非常抗造耐磨，不怕磕，不怕碰，摔也行，颠也行。在火车站花两毛钱，让人家用草绳子横一道竖一道打好包之后，就扔在火车上不用管了。慢慢地，柳条包成为军垦战士之中必备的、流行的装具。有谁回济南探亲的，总会捎两三个回来。哥哥最多一次捎过来五个。他们每次都不是捎个空柳条包回去。各家家长都心疼自家孩子，总是在里面塞进二斤大米、五斤面之类的。

我要说的第三个行李箱就是女儿用过的拉杆箱了。

1994年，女儿考上了北京广播学院播音系。那个时候，市面刚刚开始流行拉杆箱。为了给女儿准备行李，我去买了一个回来。9月7日那天，我们刚到北京火车站，拉着箱子没走出多远，拉杆箱的轮子就掉了一个。那个时候，火车站里还没有便民的行李推车。我一咬牙，

我家三代人用的行李箱（郑涛 摄影）

把几十斤重的大箱子一下子扛到了肩上。那个时候，中国的拉杆箱生产还处于起步阶段，技术还不成熟。许多老铁路员工对20世纪90年代的春运记忆之一就是，每年春运过后，就会从火车站各个角落里清理出很多掉落的拉杆箱轮子。

　　四年的大学生活中，拉杆箱成了女儿往返途中最亲密的伙伴。随着时间的推移，拉杆箱有了更人性化的设计和更过关的质量。1999年，女儿出国时使用的行李箱已有了万向轮的设计，允许脚轮水平360度旋转，拖行拉杆箱时更加轻松方便。